图1　藤制家具围合而成的家庭休闲空间

图2　罗马式家具

图3　文艺复兴时期的坐椅

图4　文艺复兴时期的橱柜及珍宝柜

图5 西班牙风格的室内环境中陈设的西班牙式巴洛克桌子

图6 文艺复兴向巴洛克风格过渡时期的桌子

图7 腿似麻花状的洛可可式坐凳

图8 强调曲线扭曲的洛可可扶手椅

图9 固定的框架分隔厨房及用餐空间,框架中的餐具,两边都可取用

图10　家具的色彩在室内环境中的对比作用

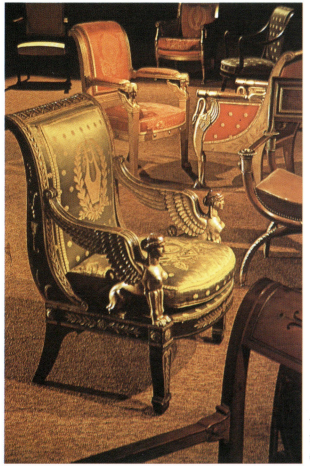

◀图11　法国拿破仑时期的帝政式家具

图12　新古典时期英国齐潘多尔式书橱

图13　19世纪初期的英国卧室家具

图 14　现代起居室中新的传统家具所起的陈设作用

图 15　明式家具，扶手椅与几案

图 16　明式家具，花梨木圈椅

图 17　典型的明式家具，具有优美朴素风格的扶手椅及三屉柜

图 18　现代工艺制作的明式家具，红木床榻

图 19　清式双人卧榻，用材粗壮，雕刻精细，尺度宏大

14

15

16

17

18

19

图20　19世纪最早的曲木椅
图21　体现包豪斯学派的钢管皮革椅，陈列于南德意志日报社的门厅中，由布劳耶设计
图22　建筑大师勒·柯布西埃设计的躺椅
图23　现代层压弯曲木、夹板热压成型的装配式坐椅
图24　伊姆斯设计的休闲椅
图25　压铸成型的塑料椅，可叠积堆放
图26　首都机场贵宾候机室，成组沙发休息区陈放一对明式圈椅与茶几，营造地方特定氛围

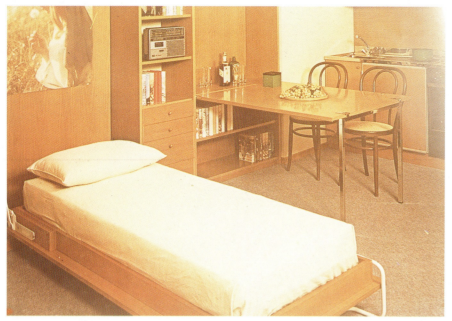

图 27　在小面积住宅中利用多用途组合柜来充分使用空间，起到间接扩大空间的作用

图 30　北欧的弯曲层压木椅

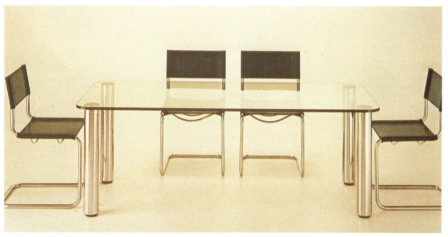

图 28　现代材料钢、玻璃、皮革制作的桌椅

图 31　丹麦柚木椅

图 29　竹制床榻

图32 色彩鲜明的几柜

图33 现代大空间办公室，用单元组合式办公桌、挡板分隔及组织使用空间

图34 多功能的办公桌

图36 挪威设计师奥泼斯维克设计的平衡坐凳

图35 办公文件柜

37

38

40

39

图37　锦缎织物包衬的沙发,豪华富丽
图38　优质皮革制作的沙发,柔软舒适
图39　粗呢肌理织物沙发,厚实粗犷
图40　家具织物的色彩与图案在室内环境中的调和作用
图41　意大利新型家具,新颖、流畅、透明
图42　可升降工作椅
图43　显示材料结构特点的巴凳

41

42

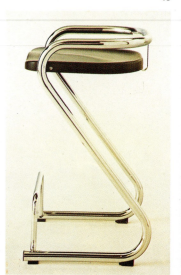

43

图 44　20 世纪 70 年代以来复古的桌子,具有哥特式亚麻折叠布的造型,又具有中国明式家具案桌的造型比例

图 45　建筑师文丘里设计的后现代装饰椅

图 46　受普普艺术影响的桌椅设计

图 47　复古主义的新形式

图 48　强调高技术的钢丝缠扎椅　　图 49　起居室中家具起到重点装饰和组织空间的作用

图 50　装有豪华灯具的空间

图 51　吊有彩带的中庭空间

图 52　餐厅空间，材料形成强烈对比

图 53　起着限定空间作用的地毯

图 54　起居室内色彩艳丽而又舒适的靠垫

图 55　充满生机和高雅气氛的起居室

图 56　非对称式构图的墙面陈设

图 57　韩国釜山某宾馆客房

图58 宾馆大厅内的插花和盆景

图60 国外某办公室走道,佛像使气氛变得庄重

图59 国外某餐厅室内,鱼浮雕使空间别具一格

图61 色彩鲜艳的儿童房间

室内设计与建筑装饰专业教学丛书暨高级培训教材

家具与陈设

（第二版）

同济大学 庄 荣
重庆大学 吴叶红 编著

中国建筑工业出版社

图书在版编目(CIP)数据

家具与陈设/庄荣,吴叶红编著.—2版.—北京:中国建筑工业出版社,2003(2022.9重印)
(室内设计与建筑装饰专业教学丛书暨高级培训教材)
ISBN 978-7-112-06148-8

Ⅰ.家… Ⅱ.①庄…②吴… Ⅲ.①家具-设计-技术培训-教材-②家具-室内布置-技术培训-教材 Ⅳ.TS664.01②J525.3

中国版本图书馆CIP数据核字(2003)第100974号

室内设计与建筑装饰专业教学丛书暨高级培训教材

家 具 与 陈 设
(第 二 版)

同 济 大 学 庄 荣
重 庆 大 学 吴叶红 编著

*

中国建筑工业出版社出版、发行(北京西郊百万庄)
各地新华书店、建筑书店经销
北京市密东印刷有限公司印刷

*

开本:880×1230毫米 1/16 印张:11¾ 插页:6 字数:368千字
2004年2月第二版 2022年9月第三十二次印刷
定价:40.00元(含光盘)
ISBN 978-7-112-06148-8
(12161)

版权所有 翻印必究
如有印装质量问题,可寄本社退换
(邮政编码 100037)
本社网址:http://www.cabp.com.cn
网上书店:http://www.china-building.com.cn

本书为室内设计与建筑装饰专业教学丛书暨高级培训教材之一，共分八章，前五章讲述家具与室内设计的关系、家具在室内设计中的地位与作用及家具设计的三个基本要素，即人体机能是家具设计的依据，材料及构造是家具设计的物质基础，家具造型法则是审美的需求。后三章讲述了家具陈设在室内环境中的地位与作用，陈设的类型与室内环境的关系，陈设的选择及在各种室内环境中的应用等，并介绍了许多优美的实例。

本书可作为室内设计、建筑学、环境艺术专业大学教材、研究生参考用书，建筑装饰与室内设计行业技术人员、管理人员继续教育与培训教材及工作参考指导书。

* * *

责任编辑：朱象清
责任设计：孙　梅
责任校对：王　莉

室内设计与建筑装饰专业教学丛书暨高级培训教材编委会成员名单

主任委员：

  同济大学 来增祥教授 博导

副主任委员：

  重庆大学 万钟英教授

委员（按姓氏笔画排序）：

  同 济 大 学 庄 荣教授

  同 济 大 学 刘盛璜教授

  华 中 科 技 大 学 向才旺教授

  华 南 理 工 大 学 吴硕贤教授

  重 庆 大 学 陆震纬教授

  清华大学美术学院 郑曙旸教授 博导

  浙 江 大 学 屠兰芬教授

  哈 尔 滨 工 业 大 学 常怀生教授

  重 庆 大 学 符宗荣教授

  同 济 大 学 韩建新高级建筑师

第二版编者的话

自从 1996 年 10 月开始出版本套"室内设计与建筑装饰专业教学丛书暨高级培训教材"以来,由于社会对迅速发展的室内设计和建筑装饰事业的需要,丛书各册都先后多次甚至十余次的重印,说明丛书的出版能够符合院校师生、专业人员和广大读者学习、参考所用。

丛书出版后的近些年来,我国室内设计和建筑装饰从实践到理论又都有了新的发展,国外也有不少可供借鉴的实践经验和设计理念。以环境为源、关注生命的安全与健康、重视环境与生态、人—环境—社会的和谐,在设计和装饰中对科学性和物质技术因素、艺术性和文化内涵以及创新实践等诸多问题的探讨研究,也都有了很大的进步。

为此,编委会同中国建筑工业出版社研究,决定将丛书第一版中的 9 册重新修订,在原有内容的基础上对设计理论、相关规范、所举实例等方面都作了新的补充和修改,并新出版了《建筑室内装饰艺术》与《室内设计计算机的应用》两册,以期更能适应专业新的形势的需要。

尽管我们进行了认真的讨论和修改,书中难免还有不足之处,真诚希望各位专家学者和广大读者继续给予批评指正,我们一定本着"精益求精"的精神,在今后不断修订与完善。

第一版编者的话

面向即将来临的 21 世纪，我国将迎来一个经济、信息、科技、文化都高度发展的兴旺时期，社会的物质和精神生活也都会提到一个新的高度，相应地人们对自身所处的生活、生产活动环境的质量，也必将在安全、健康、舒适、美观等方面提出更高的要求。因此设计创造一个既具科学性，又有艺术性；既能满足功能要求，又有文化内涵，以人为本，亦情亦理的现代室内环境，将是我们室内设计师的任务。

这套可供高等院校室内设计和建筑装饰专业教学及高级技术人才培训用的系列丛书首批出版 8 本：《室内设计原理》（上册为基本原理，下册为基本类型）、《室内设计表现图技法》、《人体工程学与室内设计》、《室内环境与设备》、《家具与陈设》、《室内绿化与内庭》、《建筑装饰构造》等；尚有《室内设计发展史》、《建筑室内装饰艺术》、《环境心理学与室内设计》、《室内设计计算机的应用》、《建筑装饰材料》等将于后期陆续出版。

这套系列丛书由我国高等院校中具有丰富教学经验，长期进行工程实践，具有深厚专业理论修养的作者编写，内容力求科学、系统，重视基础知识和基本理论的阐述，还介绍了许多优秀的实例，理论联系实际，并反映和汲取国内外近年来学科发展的新的观念和成就。希望这套系列丛书的出版，能适应我国室内设计与建筑装饰事业深入发展的需要，并能对系统学习室内设计这一新兴学科的院校学生、专业人员和广大读者有所裨益。

本套丛书的出版，还得到了清华大学王炜钰教授、北京市建筑设计研究院刘振宏高级建筑师及中央工艺美术学院罗无逸教授的热情支持，谨此一并致谢。

由于室内设计社会实践的飞速发展，学科理论不断深化，加以编写时间紧迫，书中肯定会存在不少不足之处，真诚希望有关专家学者和广大读者给予批评指正，我们将于今后的版本中不断修改和完善。

编委会
1996 年 7 月

前 言

家具与陈设是室内设计中的重要组成元素,在室内环境中起着重要作用。家具与陈设又有其自身的构成规律及设计原则,它们在室内环境中又必须服从室内环境的总体要求,是室内设计学科必须学习的专业理论知识。

本书按室内设计专业的教学要求进行编写,共分八章,前五章讲述了家具与室内设计的关系以及家具在室内设计中的地位与作用;家具设计的三个基本要素,即人体机能是家具设计的依据,材料及构造是家具设计的物质基础,家具造型法则是审美的需求;家具设计风格及范例,概要地叙述了家具发展历史,并介绍了大量的优秀实例,可供欣赏及参考。后三章讲述了陈设在室内环境中的地位与作用,陈设的类型与室内环境的关系;陈设的选择及在各种室内环境中的应用。

第一章至第五章由同济大学庄荣编写,第六章至第八章由重庆大学吴叶红编写。同济大学刘海勇、刘晓燕、于立平为本书一至五章绘制了部分插图,特此致谢。

本书可作室内设计专业的教学用书,也可作有关专业的教学参考书,由于编写时间仓促及知识有限,不足之处恳请专家和广大读者给以指正。

目 录

第一章　家具与室内设计 …………… 1
　第一节　家具在室内环境中的地位 ………… 1
　　一、家具是人们从事活动的主要器具 ……… 1
　　二、家具在室内环境中具有陈设意义 ……… 2
　第二节　家具在室内环境中的作用 ………… 2
　　一、物质功能作用 …………………………… 2
　　二、精神功能作用 …………………………… 13
第二章　人体机能是家具设计的主要依据 …… 17
　第一节　人体生理机能与家具
　　　　　设计的关系 ………………………… 17
　　一、人体基本知识 …………………………… 17
　　二、人体基本动作 …………………………… 18
　　三、人体尺度 ………………………………… 19
　　四、人体生理机能与家具的关系 …………… 20
　第二节　人体心理机能对家具
　　　　　设计的要求 ………………………… 33
　　一、家具认知的心理特征 …………………… 33
　　二、心理感觉对生理的影响 ………………… 34
　　三、家具造型心理 …………………………… 34
　第三节　各类家具尺度示例 ………………… 35
　　一、居住类家具尺度示例 …………………… 35
　　二、办公类家具尺度示例 …………………… 39
　　三、商业类家具尺度示例 …………………… 41
　　四、餐饮类家具尺度示例 …………………… 44
　　五、观演类家具尺度示例 …………………… 48
第三章　家具制造的物质技术基础 …………… 51
　第一节　家具用材 …………………………… 51
　　一、木材 ……………………………………… 51
　　二、金属 ……………………………………… 53
　　三、塑料 ……………………………………… 54
　　四、竹材 ……………………………………… 55
　　五、藤材 ……………………………………… 55
　　六、辅助材料 ………………………………… 55
　第二节　家具结构类型及连接方式 ………… 56
　　一、框架结构 ………………………………… 56
　　二、板式结构 ………………………………… 57
　　三、拆装结构 ………………………………… 59
　　四、折叠结构 ………………………………… 61
　　五、薄壳结构 ………………………………… 62
　　六、充气结构 ………………………………… 62
　　七、整体注塑结构 …………………………… 63
　第三节　常用家具部件构造 ………………… 63
　　一、支架构造 ………………………………… 63
　　二、面板结构 ………………………………… 65
　　三、抽屉结构 ………………………………… 67
　　四、柜门结构 ………………………………… 67
第四章　家具设计的造型法则 ………………… 71
　第一节　家具造型意义 ……………………… 71
　　一、家具造型意义 …………………………… 71
　　二、家具设计中三大要素的关系 …………… 71
　第二节　造型要素在家具设计中的应用 …… 72
　　一、点 ………………………………………… 72
　　二、线 ………………………………………… 73
　　三、面 ………………………………………… 75
　　四、体 ………………………………………… 75
　　五、色彩 ……………………………………… 76
　　六、质感 ……………………………………… 80
　第三节　造型法则与家具造型 ……………… 80
　　一、比例与尺度 ……………………………… 81
　　二、统一与变化 ……………………………… 84
　　三、均衡与稳定 ……………………………… 86
　　四、仿生与模拟 ……………………………… 89
　　五、错觉及其应用 …………………………… 91
第五章　家具设计风格及范例 ………………… 94
　第一节　西洋古典家具 ……………………… 94
　　一、古代家具 ………………………………… 94
　　二、中古时期家具 …………………………… 95
　　三、文艺复兴时期家具 ……………………… 97
　　四、巴洛克及洛可可家具 …………………… 97
　　五、新古典家具 ……………………………… 101
　第二节　中国传统家具 ……………………… 105
　　一、明式家具[自明代至清代初期(14世纪下半期至
　　　　18世纪初)] ……………………………… 105
　　二、清式家具(自18世纪初至20世纪初) …… 108

第三节 现代家具 ·············· 109
  一、现代家具探索及产生时期
    (1850～1914年) ·············· 109
  二、现代家具形成和发展时期
    (1918～1938年) ·············· 111
  三、现代家具高度发展时期
    (1945～1970年) ·············· 114
  四、面向未来的多元时代(1970～) ··· 123

第六章 室内陈设概论 ·············· 127
  第一节 室内陈设沿革 ·············· 127
  第二节 陈设品在室内环境中的
         地位和作用 ·············· 133
    一、加强空间涵义 ·············· 133
    二、创造及烘托环境气氛 ·············· 134
    三、强化室内环境风格 ·············· 136
    四、柔化空间，调节环境色彩 ·············· 137
    五、反映民族特性及个人爱好 ·············· 139
    六、陶冶情操 ·············· 140
  第三节 传统文化与室内陈设 ·············· 140

第七章 室内陈设的类型及其与环
       境的关系 ·············· 142
  第一节 室内陈设的类型 ·············· 142
  第二节 功能性陈设与装饰性陈设 ·············· 146

  一、功能性陈设的分类与作用 ·············· 146
  二、装饰性陈设的分类与作用 ·············· 156
  第三节 室内陈设与环境的关系 ·············· 159
    一、陈设品与建筑空间环境的关系 ·············· 159
    二、陈设品之间及与家具之间的关系 ·············· 160
    三、陈设品与室内绿色生态理念 ·············· 161

第八章 室内陈设的选择、陈列及应用 ·············· 163
  第一节 室内陈设的选择 ·············· 163
    一、陈设品风格的选择 ·············· 163
    二、陈设品形式的选择 ·············· 164
  第二节 室内陈设品的陈列方式 ·············· 165
    一、墙面陈列 ·············· 165
    二、台面陈列 ·············· 166
    三、橱架陈列 ·············· 167
    四、其他陈列方式 ·············· 168
    五、陈设品的布置原则 ·············· 169
  第三节 几种常见空间的陈设品应用 ·············· 169
    一、宾馆建筑中的陈设品应用 ·············· 169
    二、商业建筑中的陈设品应用 ·············· 171
    三、医院建筑中的陈设品应用 ·············· 172
    四、办公建筑中的陈设品应用 ·············· 173
    五、居住建筑中的陈设品应用 ·············· 174

参考文献 ·············· 177

第一章 家具与室内设计

家具起源于生活，又服务于生活。随着人类文明的进步和生产力的发展，家具的类型、功能、形式和数量及材质也随之不断地发展，从简单的石凳、陶桌到复杂雕琢的硬木家具；从硬板坐椅到软包沙发；从单纯的自然材料到多元的复合材料；从手工单件制作到机械化成批生产；从古典精美的豪华家具到简洁舒适的现代家具，无不反映着历史发展的印记。家具的沿革还反映着不同国家和地区，不同历史时期的社会生活方式及物质文明的水平。更有趣的是家具的发展史和建筑的发展史有着一脉相承的血缘关系，有什么样式风格的建筑就会有什么样式风格的家具。可见家具与建筑——建筑室内环境的密切关系。

第一节 家具在室内环境中的地位

家具对人类的生活来说实在太重要了，它无所不在，无处不有，从王宫贵族到平民百姓，从生活的宅第到社会的活动场所，都借家具来演绎生活和展开活动。据有关资料统计，大多数社会成员在家具上消磨的时间约占全天的三分之二以上；另据调查，家具在一般起居室、办公室等场所占地面积约为室内面积的35%～40%，而在各种餐厅、影剧院等公共场所，家具的占地面积更大，甚至整个厅堂为桌椅所覆盖，厅堂的面貌在某种程度上讲则为家具的造型、色彩和质地所左右。另外当设计师在接到室内环境设计任务时，他要考虑到建筑功能对室内环境的要求，然后综合运用现代工学、现代美学和现代生活的知识，为人们创造一个使用功能合理，又具适宜环境氛围的室内活动场所，但在具体操作时，处于首位考虑的便是怎样布置家具来满足人们对各种活动的需求，以及包括家具在内的环境空间组合和特定氛围的营造，然后再顺序深入考虑各个界面的装修材料、造型、色彩、处理环境所需的各种技术细节。由此可见，家具是室内环境极其重要的组成部分，与室内环境设计有着密不可分的关系。

一、家具是人们从事活动的主要器具

自古以来，人类就学会利用自然物质为自己的生活服务，例如石凳、石桌、树桩等等。随着社会的进步、生产的发展，人们利用各种材料设计制造了种类繁多、形式各异的家具为自身的各种形式的活动服务，也可以说，家具发展至当代，它渗透于人类现代生活的各个方面——日常生活、工作、学习、科研、交往、旅游、娱乐、休息等衣食住行的各种活动中。

行为	活动内容	相关家具	相关内部空间
衣	更衣、存衣	大衣柜、小衣柜、组合柜、衣箱	住宅卧室、门厅、贮藏室、宾馆客房、健身房、浴室
食	进餐、烹饪	餐桌、餐椅、餐柜、酒柜、吧台、清洗台、切配台、食品柜、厨具	住宅餐厅、宾馆餐厅、酒吧、住宅厨房、宾馆和酒店厨房
住	休息、阅读、进餐、睡眠	沙发、组合柜架、茶几、桌、椅、床、衣柜、梳妆台、写字台	住宅、公寓、宾馆客房

续表

行　为	活动内容	相关家具	相关内部空间
工作学习	读书、写字、制作	写字台、椅子、书柜、文件柜、工作台	住宅书房、学校教室、绘图室、办公楼、写字间
行	休息、阅读、进餐、睡眠	坐椅、小桌、床、层叠床	轿车、公共车辆、飞机、船、火车
其　他	团聚、开会、娱乐、售货、购物	沙发、安乐椅、茶几、会议桌椅、柜、桌、货柜、货架、陈列柜	住宅起居室、接待室、会议室、公共娱乐场所、商店

二、家具在室内环境中具有陈设意义

家具的功能具有双重性，它具有使用的功能，又具有造型供艺术欣赏的功能。由于它的体量较大，而且使用功能的频繁，往往以其实用功能而不将它列入陈设的范畴，特别是现代家具的发展及生活所需，有些家具做成固定的壁橱，原有的厨房家具演变成成套的固定设备。但毕竟绝大部分家具仍是可搬动布置的，除了使用功能外，从布置的形式及其本身的造型给室内环境带来特定的艺术氛围，还具有相当大的观赏价值，甚至有些家具随着时代的发展，它们演变成专门的陈设艺术展品。如一些经典的古代家具和著名设计师设计的家具陈列于某些住宅的客厅或公司的接待厅等场所，这时的家具，其使用功能已成为次要的，而其精神功能却成为主要的，家具陈设成为显示主人的高贵身份和文化素养或反映公司的精神面貌和其经济实力。由此可见家具可不列入陈设的分类，但具有陈设的重要意义。在室内环境设计中，艺术氛围的营造是由室内空间、界面和家具及陈设布置来共同完成的。

第二节　家具在室内环境中的作用

家具除了本身具有坐、卧、凭倚、贮藏等固有的使用功能外，在室内环境中，家具还具有特定的物质功能和精神功能的作用。

一、物质功能作用

建筑室内空间中一定设置有家具，如果没有家具，就等于只有"躯壳"，而无"内脏"，人们也就无法从事各种活动，因此家具在实现人们在室内空间从事各项活动中起着极其重要的作用。

(一)组织空间的作用

在一定的室内空间中，人从事的活动或生活方式会是多样的，也就是说在同一室内空间中要求有多种使用功能，合理的组织和满足多种使用功能就必须依靠家具的布置来实现，尽管这些家具不具备封闭和遮挡视线的功能，但却可以围合出不同用途的使用区域和组织人们在室内的行动路线。如在住宅的起居室中，常用沙发和茶几组成休息、待客、家庭聚谈的区域，有时加上壁炉或组合壁柜架，形成家庭的起居生活中心。有些住宅的较大客厅，除了布置起居中心外，还可利用餐桌椅或吧柜等划分出餐饮区域。在一些宾馆大堂中，由于不希望有遮挡视线的分隔，但又要满足宾客的等候、会客、休息等功能要求，常常用沙发、茶几、地毯等共同围合成多个休息区域，在心理上划分出相对独立、不受干扰的虚拟空间，从而也改变了大堂空旷的空间感觉。在一些餐厅、咖啡厅里，利用火车座式的厢座，可以围成一个个相对独立的小空间，以取得相对安静的小天地。在会议室里，我们用各种形状的会议桌加上周围的坐椅，将人们向心地聚在一起讨论工

作。在教室中,利用桌椅的布置组织通行路线,用讲台布置划分出讲学区域。图1-1～图1-12为各类空间家具布置示意图。

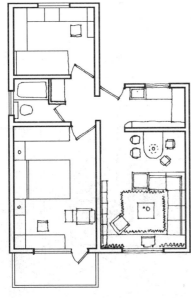

图1-1 住宅室内家具布置

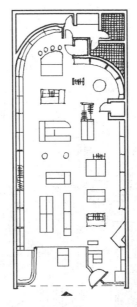

图1-2 专卖商店家具布置

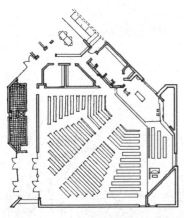

图1-3 视听空间家具布置

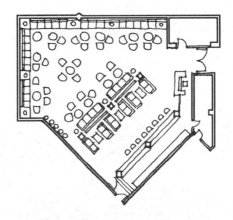

图1-4 酒吧室内家具布置

图1-5 客厅家具布置组织空间

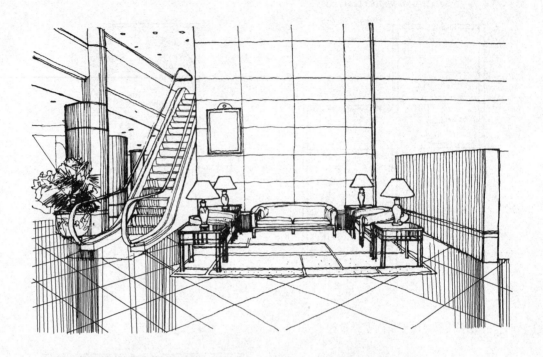

图1-6 公共交通厅堂一角,布置家具形成休息空间

图1-7 大空间中办公家具布置

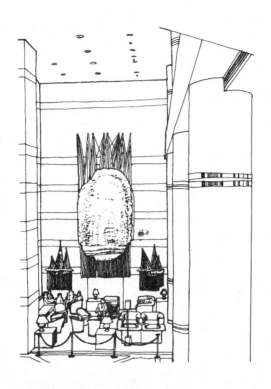

图1-8 宾馆大堂一角组织成咖啡(休息)区

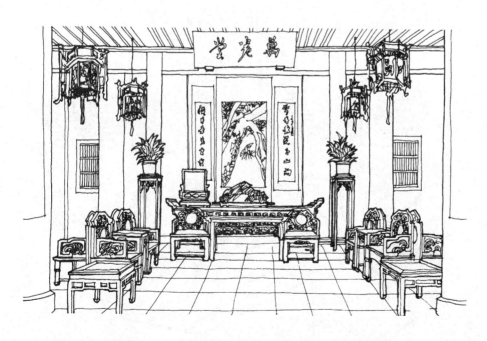

图1-9 中国传统客厅中家具布置组成的空间形式

图 1-10　现代起居室中由家具围成的阅读休息区

图 1-11　由家具组织形成的餐厅与起居空间

图 1-12 由家具组织形成的餐厅与起居空间

(二)分隔空间的作用

在现代建筑中,为了提高室内空间使用的灵活性和利用率,常以大空间的形式出现,如具有通用空间的办公楼,具有灵活空间的标准单元住宅等。这类空间中为满足使用功能所需的空间分隔常由家具来完成。选用的家具一般都具有适当的高度和视线遮挡的作用,在通用空间办公楼中的办公家具,它可以自成单元,具有写字、打字、电脑操作、文件贮藏等功能,又具有半高可遮挡视线的隔板,单元与单元之间起到兼分又联的作用,随着公司业务的变化,办公区域可做灵活的调整。在一些住宅内,使用面积是极其宝贵的,如果用固定的隔墙来分隔空间,必将占去一定的有效使用面积,因此利用家具来分隔空间,可以达到一举两得的目的。作为分隔用的家具可以是半高活动式的,也可利用柜架做成固定式的。这种分隔方式兼满足了使用要求,特别在空间造型上取得极丰富的变化,同时又取得许多有效的贮藏面积(图 1-13~图 1-19)。

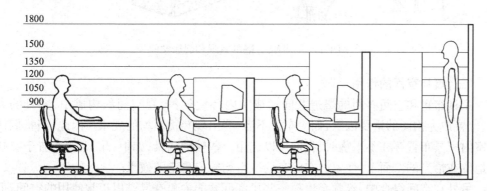

图 1-13 办公家具和隔板分隔空间(一)

图 1-13　办公家具和隔板分隔空间（二）

图 1-14　高柜架分隔的睡眠和起居空间

（三）填补空间的作用

家具布置和空间界面的塑造共同形成室内环境气氛，在空间的构成中，家具的大小、位置成为构图的重要因素，如果布置不当，会出现轻重不均的现象。因此，当我们认为室内家具布置存在不平衡时，我们可以选用一些辅助家具，如柜、几、架等布置于空缺的地位或恰当的壁面上，使室内空间布局取得均衡与稳定的效果。

另外在空间组合中，经常会出现一些尺度低矮的尖角旮旯难以正常使用的空间，但经人们布置合适的家具后，这些无用或难用的空间就变成有用的空间，如坡屋顶住宅中的屋顶空间，其边沿是低矮的空间，我们可以布置床或沙发来填补这个空间，因为这些家具为人们提供低矮活动的可能性，而有些家具填补空间后则可作为贮物之用。可参阅图 1-20～图 1-23。

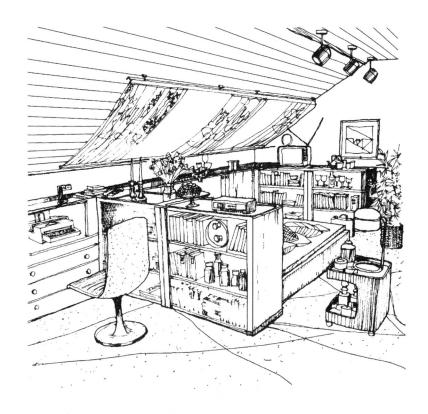

图 1-15　低柜分隔的睡眠与学习空间

图 1-16　用柜架分隔的餐室与起居空间

第一章　家具与室内设计

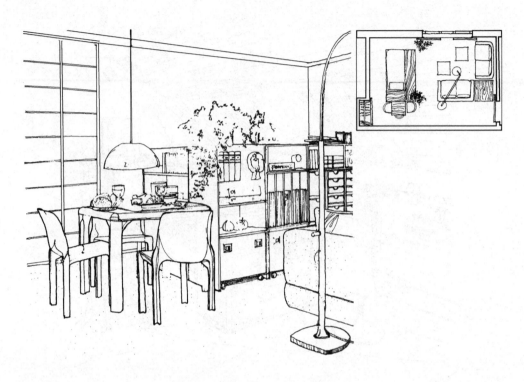

图 1-17　低柜分隔的睡眠与用餐空间

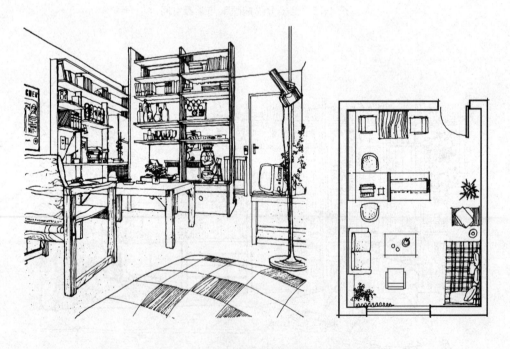

图 1-18　开敞柜架分隔起居与用餐空间

第二节 家具在室内环境中的作用

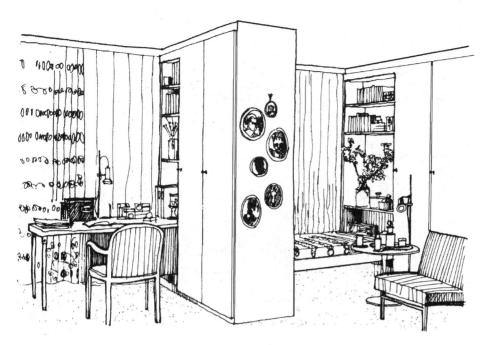

图 1-19 用封闭衣柜分隔的睡眠与学习空间

图 1-20 用家具填补斜屋顶下的尖角空间

图 1-21 家具填补空间实例(一)

图 1-22 家具填补空间实例(二)

图 1-23　家具填补空间实例(三)

(四)间接扩大空间的作用

用家具扩大空间是以它的多用途和叠合空间的使用及贮藏性来实现的,特别在住宅室内空间中,家具起的扩大空间作用是十分有效的。间接扩大空间的方式有如下几种:

1. 壁柜、壁架方式。由于固定式的壁柜、吊柜、壁架家具可以充分利用其贮藏面积,这些家具还可利用过道、门廊上部或楼梯底部、墙角等闲置空间,从而将各种杂物有条不紊地贮藏起来,起到扩大空间的作用(图 1-24)。

2. 家具的多功能用途和折叠式家具能将许多本来平行使用相加的空间加以叠合使用,如组合家具中的翻板书桌、组合橱柜中的翻板床、多用沙发、折叠椅等等。它们可以使同一空间在不同时间做多种使用(图 1-25)。

3. 嵌入墙内的壁龛式柜架,由于其内凹的柜面,使人的视觉空间得以延伸,起到扩大空间的效果(图 1-26)。

二、精神功能作用

(一)陶冶人们的审美情趣

俗话说"爱美之心,人皆有之"。自古以来,人类在创造物质文明的同时就注意到精神文明的创造,有物就有形,将物制作成具有使用功能的器具,也就使物形成了特有的造型。在实用基础上,人们对器物造型的进一步提炼、改进,形成批量的、流行的、大众喜爱的用品。

家具是一种使用广泛的大众化工业产品,男女老幼,各种不同文化层次的人们都会接触家具,这就产生了不同的人具有不同审美情趣的审美观,而我们的家具造型(款式)尽管是千变万化、种类繁多,但和人们不同的爱好和需求来比就显得寥若晨星,少得多了,这样必然带来有限的艺术形式要为广泛的人们所接受。人们选择家具,而家具艺术造型感染着人们。

第一章 家具与室内设计

图 1-24 整齐的壁架,有条不紊地收藏各类物品

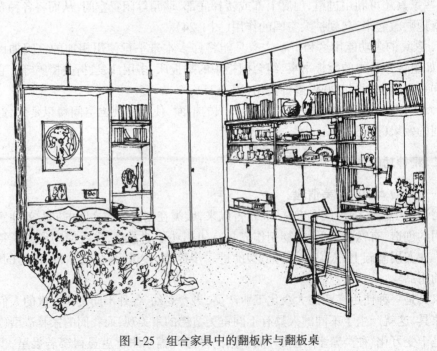

图 1-25 组合家具中的翻板床与翻板桌

图 1-26　嵌入式壁柜

家具是经过设计师的设计，工匠的精心制作，成为一件件实用的工艺品，它的艺术造型会渗透着流传至今的各种艺术流派及风格。人们根据自己的审美观点和爱好来挑选家具，但使人惊奇的是人们会以群体的方式来认同各种家具式样和风格流派的艺术形式，其中有些人是主动接受的，有些人是被动接受的，也就是说，人们在较长时间与一定风格的造型艺术接触下，受到感染和熏陶后出现的品物修养，越看越爱看，越看越觉得美的情感油然而生。另外在社会生活中，人们还有接受他人经验、信息媒介和随波逐流的消费心理，间接地产生艺术感染的渠道，出现先跟潮购买，后受陶冶而提高艺术修养的过程。

(二)反映民族文化和营造特定的环境气氛

由于家具的艺术造型及风格带有强烈的地方性和民族性，因此在室内设计中，常常利用家具的这一特性来加强设计的民族传统文化的表现及特定环境氛围的营造。

在一些大型的公共建筑中，由于现代使用功能的要求，不可能将建筑本身的各个界面做多样的装饰处理，体现地方性及民族性的任务就往往由家具来承担，如北京首都机场贵宾候机厅内，由于建筑功能的现代性格，空间四周界面处理简洁淡雅，就在每一组沙发休息区内，安置了一对中国传统的明式圈椅和茶几，使整个室内环境活跃起来，在挺拔的几何体沙发形体中出现了曲线空透的红木家具，既形成了强烈对比氛围，又点明建筑所在的地域及所具的民族文化特征。特别在一些大型的宾馆中，宾客是来自五洲四海，因此在宾馆中希望有适于不同宾客使用的厅堂或客房，这就需要设计师运用具有强烈地方特征或民族传统的建筑室内环境及配置相应的具有民族特色的家具来共同营造氛围。如上海的和平饭店是建于 20 世纪 20 年代的著名建筑，其中享誉世界的也就是它具有中国、英国、美国、法国、日本、意大利、德国、印度、西班牙等几个国家不同装饰风格的特色豪华套房(图 1-27)，其所以有特色是和其室内各界面的精心制作及具有强烈地方传统风格的家具配置分不开的。

在居家室内，则根据主人的爱好及文化修养来选用各具特色的家具以获得现代的、古典的或民间充满自然情调的环境气氛。

(三)调节室内环境色彩

室内设计中,室内环境的色彩是由构成室内环境的各个元素的材料固有颜色所共同组成的,其中包括家具本身的固有色彩。由于家具的陈设作用,家具的色彩在整个室内环境中具有举足轻重的作用。在室内色彩设计中,我们用得较多的设计原则是大调和、小对比。其中,小对比的色彩设计手法,往往就落在陈设和家具身上。在一个色调沉稳的客厅中,一组色调明亮的沙发会带来精神振奋和吸引视线,从而形成视觉中心的作用;在色彩明亮的客厅中,几个彩度鲜艳、明度深沉的靠垫会造成一种力度感的气氛。

另外在室内设计中,经常以家具织物的调配来构成室内色彩的调和或对比调子。如宾馆客房,常将床上织物与坐椅织物及窗帘等组成统一的色调,甚至采用同一的图案纹样来取得整个房间的和谐氛围,创造宁静、舒适的色彩环境。

图 1-27　上海和平饭店印度风格客房

第二章　人体机能是家具设计的主要依据

根据家具与人和物之间的关系,可以将家具划分成三类:

第一类为与人体直接接触,起着支承人体活动的坐卧类家具,如椅、凳、沙发、床等。

第二类为与人体活动有着密切关系,起着辅助人体活动、承托物体的凭倚类家具,如桌台、几、案、柜台等。

第三类为与人体产生间接关系,起着贮存物品作用的贮存类家具,如橱、柜、架、箱等。

这三大类家具基本上囊括了人们生活及从事各项活动所需的家具。家具设计是一种创作活动,它必须依据人体尺度及使用要求,将技术与艺术诸要素加以完美的综合。

第一节　人体生理机能与家具设计的关系

家具的服务对象是人,我们设计的每一件家具都是由人使用的,因此家具设计的首要因素是符合人的生理机能和满足人的心理需求。

一、人体基本知识

家具设计首先要研究家具与人体的关系,要了解人体的构造及构成人体活动的主要组织系统。

人体是由骨骼系统、肌肉系统、消化系统、血液循环系统、呼吸系统、泌尿系统、内分泌系统、神经系统、感觉系统等组成。这些系统像一台机器那样互相配合、相互制约地共同维持着人的生命和完成人体的活动,在这些组织系统中与家具设计有密切关联的是骨骼系统、肌肉系统、感觉系统和神经系统。

骨骼系统(图 2-1):骨骼是人体的支架,是家具设计测定人体比例、人体尺度的基本依据,骨骼中骨与骨的连接处是关节,人体通过不同类型和形状的关节进行着屈伸、回旋等各种不同的动作,由这些局部的动作的组合形成人体各种姿态。家具要适应人体活动及承托人体动作的姿态,就必须研究人体各种姿态下的骨关节运动与家具的关系。

肌肉系统:肌肉的收缩和舒展支配着骨骼和关节的运动。在人体保持一种姿态不变的情况下,肌肉则处于长期的紧张状态而极易产生疲劳,因此人们需要经常变换活动的姿态,使各部分的肌肉收缩得以轮换休息;另外肌肉的营养是靠血液循环来维持的,如果血液循环受到压迫而阻断,则肌肉的活动就将产生障碍。因此家具设计中,特别是坐卧性家具,要研究家具与人体肌肉承压面的关系。

神经系统:人体各器官系统的活动都是在神经系统的支配下,通过神经体液调节而实现的。神经系统的主要部分是脑和脊髓,它和人体的各个部分发生紧密的联系,以反射为基本活动的方式,调节人体的各种活动。

感觉系统:激发神经系统起支配人体活动的机构是人的感觉系统。人们通过视觉、听觉、触觉、嗅觉、味觉等感觉系统所接受到的各种信息,刺激传达到大脑,然后由大脑发出指令,由神经系统传递到肌肉系统,产生反射式的行为活动,如晚间睡眠在床上仰卧时间久后,肌肉受压通过触觉传递信息后做出反射性的行为活动,人体翻身做侧卧的姿态。

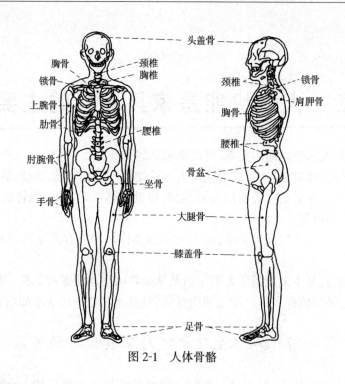

图 2-1　人体骨骼

二、人体基本动作

人体的动作形态是相当复杂而又变化万千,坐、卧、立、蹲、跳、旋转、行走等等都会显示出不同形态所具有的不同尺度和不同的空间需求。从家具设计的角度来看,合理地依据人体一定姿态下的肌肉、骨骼的结构来设计家具,能调整人的体力损耗、减少肌肉的疲劳,从而极大地提高工作效率。因此,在家具设计中对人体动作的研究显得十分必要。与家具设计密切相关的人体动作主要是立、坐、卧。

立:人体站立是一种最基本的自然姿态,是由骨骼和无数关节支撑而成的。当人直立进行各种活动时,由于人体的骨骼结构和肌肉运动时时处在变换和调节状态中,所以人们可以做较大幅度的活动和较长时间的工作,如果人体活动长期处于一种单一的行为和动作时,他的一部分关节和肌肉就长期地处于紧张状态,就极易感到疲劳。大体上在站立活动中,活动变化最少的应属腰椎及其附属的肌肉部分,因此人的腰部最易感到疲劳,这就需要人们经常活动腰部和改变站的姿态。

坐:当人体站立过久时,他就需要坐下来休息,另外人们的活动和工作有相当大的部分是坐着进行的,因此需要更多地研究人坐着活动时骨骼和肌肉的关系。

人体的躯干结构是支撑上部身体重量和保护内脏不受压迫。当人坐下时,由于骨盆与脊椎的关系失去了原有直立姿态时的腿骨支撑关系,人体的躯干结构就不能保持平衡,人体必须依靠适当的坐平面和靠背倾斜面来得到支撑和保持躯干的平衡,使人体骨骼、肌肉在人坐下来时能获得合理的松弛形态,为此人们设计了各类坐具以满足坐姿状态下的各种使用活动。

卧:卧的姿态是人希望得到最好的休息状态。不管站立和坐,人的脊椎骨骼和肌肉总是受到压迫和处于一定的收缩状态,惟有卧的姿态,才能使脊椎骨骼的受压状态得到真正的松弛,从而得到最好的休息。因此,从人体骨骼肌肉结构的观点来看,卧不能看做为站立姿态的横倒,其所处动作姿态的腰椎形态位置是完全不一样的,只有把"卧"作为特殊的动作形态来认识,才能理解"卧"的意义。

图 2-2 表示人体不同姿态与腰椎变化的关系,图中 B 是人体侧卧,下肢稍曲时,腰

椎处于最自然的状态,即休息最有效的状态。因此在设计椅子或沙发时,应尽量使靠背的形状和角度适应人坐姿时的腰椎曲线,接近于 B 曲线。

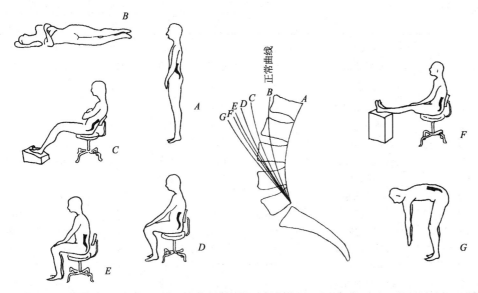

图 2-2 人体不同姿态腰椎的变化

三、人体尺度

家具设计最主要的依据是人体尺度,如人体站立的基本高度和伸手最大的活动范围,坐姿时的下腿高度和上腿的长度及上身的活动范围,睡姿时的人体宽度、长度及翻身的范围等等都与家具尺寸有着密切的关系。因此学习家具设计,必须首先了解人体各部位固有的基本尺度。

在我国,由于幅员辽阔,人口众多,人体尺度随年龄、性别、地区的不同而有所变化,同时随着时代的进步、人们生活水平的提高,人体尺度也在发生变化,因此我们只能采用平均值作为设计时的相对尺度依据,而且也不可能依此作绝对标准尺度,因为一个家具服务的对象是多元的,一张坐椅可能被个子较高的人使用,也可能被个子较矮的人使用。因此对尺度的理解是既要有尺度,离开了人体尺度就无从着手设计家具,但对尺度也要有辩证的观点,它具有一定的灵活性。

这里我们借用1962年中国建筑科学研究院发表的《人体尺度的研究》中有关我国人体的测量值作为家具设计的参考(图 2-3 与表 2-1)。

不同地区人体各部平均尺寸(mm) 表 2-1

编号	部位	较高人体地区(冀、鲁、辽)		中等人体地区(长江三角洲)		较矮人体地区(四川)	
		男	女	男	女	男	女
A	人体高度	1690	1580	1670	1560	1630	1530
B	肩宽度	420	387	415	397	414	386
C	肩峰至头顶高度	293	285	291	282	285	269
D	正立时眼的高度	1573	1474	1547	1443	1512	1420
E	正坐时眼的高度	1203	1140	1181	1110	1144	1078
F	胸廓前后径	200	200	201	203	205	220
G	上臂长度	308	291	310	293	307	289
H	前臂长度	238	220	238	220	245	220

续表

编号	部位	较高人体地区（冀、鲁、辽）		中等人体地区（长江三角洲）		较矮人体地区（四川）	
		男	女	男	女	男	女
I	手长度	196	184	192	178	190	178
J	肩峰高度	1397	1295	1379	1278	1345	1261
K	$\frac{1}{2}$（上肢展开全长）	867	795	843	787	848	791
L	上身高度	600	561	586	546	565	524
M	臀部宽度	307	307	309	319	311	320
N	肚脐高度	992	948	983	925	980	920
O	指尖至地面高度	633	612	616	590	606	575
P	上腿长度	415	395	409	379	403	378
Q	下腿长度	397	373	392	369	391	365
R	脚高度	68	63	68	67	67	65
S	坐高	893	846	877	825	850	793
T	腓骨头的高度	414	390	407	382	402	382
U	大腿水平长度	450	435	445	425	443	422
V	肘至臀部高度	243	240	239	230	220	216

四、人体生理机能与家具的关系

在家具设计中对人体生理机能的研究是促使家具设计更具科学性的重要手段。根据人体活动及相关的姿态，人们设计生产了相应的家具，我们将其分类为坐卧性家具、凭倚性家具及贮藏性家具。

(一)坐卧性家具

按照人们日常生活的行为，人体动作姿态可以归纳为从立姿到卧姿的不同势态，其中坐与卧是人们日常生活中占有的最多动作姿态，如工作、学习、用餐、休息等都是在坐卧状态下进行的，因此坐卧性家具与人体生理机能关系的研究就显得特别重要。

坐卧性家具的基本功能是满足人们坐得舒服、睡得安宁、减少疲劳和提高工作效率。这四个基本功能要求中，最关键的是减少疲劳，如果在家具设计中，通过对人体的尺度、骨骼和肌肉关系的研究，使设计的家具在支承人体动作时，将人体的疲劳度降到最低状态，也就能得到最舒服和最安宁的感觉，同时也可保持最高的工作效率。

然而，形成疲劳的原因是一个很复杂的问题，但主要是来自肌肉和韧带的收缩运动。肌肉和韧带处于长时间的收缩状态时，人体就需要给这部分肌肉持续供给养料，如供养不足，人体的部分机体就会感到疲劳。因此在设计坐卧性家具时，就必须考虑人体生理特点，使骨骼、肌肉结构保持合理状态，血液循环与神经组织不过分受压，尽量设法减少和消除产生疲劳的各种条件。

1. 坐具的基本尺度与要求

坐高：坐高是指坐具的坐面与地面的垂直距离，椅子的坐高由于椅坐面常向后微倾斜，通常以前坐面高作为椅子的坐高。

坐高是影响坐姿舒适程度的重要因素之一，坐面高度不合理会导致不正确的坐姿，并且坐的时间稍久，就会使人体腰部产生疲劳感。我们通过对人体坐在不同高度的凳子上，其腰椎活动度的测定，可以看出凳高为400mm时，腰椎的活动度最高，即疲劳感最强，其他高度的凳子，其人体腰椎的活动度下降，随之舒适度增大，这就意味着（凳子在没有靠背的情况下）凳子看起来坐高适中的（400mm高）反而腰部活动最强（图

2-4)。在实际生活中出现的人们喜欢坐矮板凳从事活动的道理就在于此,人们在酒吧间坐高凳活动的道理也相同。

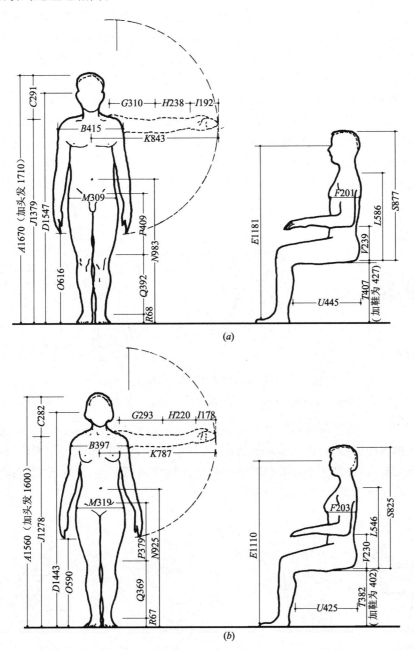

图 2-3 人体测量值(mm)
(a)成年男子;(b)成年女子

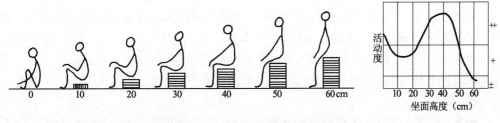

图 2-4 凳子坐高与腰椎活动强度

对于有靠背的坐椅,其坐高就不宜过高,也不宜过低,它与人体在坐面上的体压分布有关。坐高不同的椅面,其体压分布也不同,是影响坐姿舒适的重要因素。坐椅面是人体坐姿时承受臀部和大腿的主要承受面,通过测试,不同高度的坐椅面上的体压分布如图2-5所示。坐面过高,两足不能落地,使大腿前半部近膝窝处软组织受压,久坐时血液循环不畅,肌腱就会发胀而麻木;如果椅坐面过低,则大腿碰不到椅面,体压过于集中在坐骨节点上,时久会产生痛感;另外坐面过低,人体形成前屈姿态,从而增大了背部肌肉的活动强度,重心过低,使人起立时感到困难(图2-6)。因此,设计时必须寻求合理的坐高与体压分布。根据坐椅面体压分布情况来分析,椅坐高应略小于坐者小腿腘窝到地面的垂直距离,即坐高等于小腿腘窝高加25~35mm(鞋跟高)后再减10~20mm。这样使大腿轻微受压,小腿有一定的活动余地。但理想的设计与实际使用有一定差异,一张坐椅可能为男女高矮不等的人所使用,因此只能取用平均适中的数据来确定较优的合适坐高。

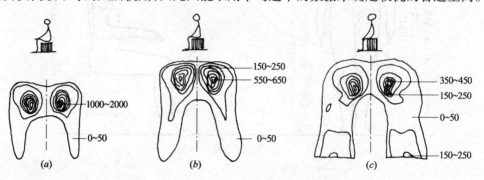

图2-5 不同凳高坐姿体压分布(单位:g/cm²)

(a)坐面高=下腿高-5cm时;(b)坐面高=下腿高;(c)坐面高=下腿高+5cm

坐深:主要是指坐面的前沿至后沿的距离。坐深的深度对人体坐姿的舒适度影响也很大。如坐面过深,超过大腿水平长度,人体挨上靠背将有很大的倾斜度,而腰部缺乏支撑点而悬空,加剧了腰部的肌肉活动强度而致使疲劳产生;同时坐面过深,使膝窝处受压而产生麻木的反应,并且也难以起立(图2-7)。

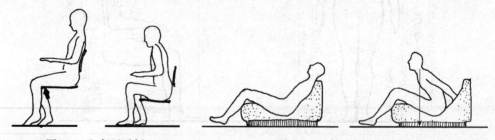

图2-6 坐高不适例　　图2-7 坐椅太深,难以起立

因此坐椅设计中,坐面深度要适中。通常坐深应小于人坐姿时大腿的水平长度,使坐面前沿离开小腿有一定的距离,保证小腿有一定的活动自由。根据人体尺度,我国人体坐姿的大腿水平长度平均:男性为445mm,女性为425mm,然后保证坐面前沿离开膝窝一定的距离约60mm。这样,一般情况下坐深尺寸在380~420mm之间。对于普通工作椅来说,由于工作时人体腰椎与骨盆之间成垂直状态,所以其坐深可以浅一点。而作为休息的靠椅,因其腰椎与骨盆的状态呈倾斜钝角状,故休息椅的坐深可设计得略为深一些(图2-8)。

坐宽:椅子坐面的宽度根据人的坐姿及动作,往往呈前宽后窄的形状,坐面的前沿称坐前宽,后沿称坐后宽。

坐椅的宽度应使臀部得到全部支承并适当放宽,便于人体坐姿的变换和调整。一般坐宽不小于380mm,对于有扶手的靠椅来说,要考虑人体手臂的扶靠,以扶手的内宽来作为坐宽的尺寸,按人体平均肩宽尺寸加上适当的余量,一般不小于460mm,但也不宜过宽,以自然垂臂的舒适姿态为准。

坐面倾斜度:从人体坐姿及其动作的关系分析,人在休息时,人的坐姿是向后倾靠,使腰椎有所承托。因此一般的坐面大部分设计成向后倾斜,其后倾角度为3°～5°,相对的椅背也向后倾斜。而一般的工作椅则不希望坐面有向后的倾斜度,因为人体工作时,其腰椎及骨盆处于垂直状态,甚至还有前倾的要求,如果使用有向后倾斜面的坐椅,反而增加了人体力图保持重心向前时肌肉和韧带收缩的力度,极易引起疲劳。因此,一般工作椅的坐面以水平为好,甚至可考虑椅面向前倾斜的设计,如通常使用的绘图凳面是向前倾斜的。近年来由奥地利罗利希特产品研制中心设计的工作凳具有根据人体动作可任意转动方向与倾角的特性。凳子底部为一充满沙子的橡胶袋,凳子可在任一角度得到限定。另由挪威设计师设计的工作"平衡"椅,也是根据人体工作姿态的平衡原理设计而成,坐面作小角度的向前倾斜,并在膝前设置膝靠垫,把人的重量分布于坐骨支撑点和膝支撑点上,使人体自然向前倾斜,使背部、腹部、臀部的肌肉全部放松,便于集中精力,提高工作效力(图2-9、图2-10)。

图2-8 坐深与人体坐姿　　图2-9 平衡椅　　图2-10 自由工作椅

椅靠背:前面坐凳高度测试曾提到人坐于半高的凳上(400～450mm),腰部肌肉的活动强度最大,最易疲劳,而这一坐高正是我们坐具设计中用得最普遍的,因此要改变腰部疲劳的状况,就必须设置靠背来弥补这一缺陷。

椅靠背的作用就是使躯干得到充分的支承,特别是人体腰椎(活动强度最大部分)获得舒适的支承面,因此椅靠背的形状基本上与人体坐姿时的脊椎形状相吻,靠背的高度一般上沿不宜高于肩胛骨。对于专供操作的工作用椅,椅靠背要低,一般支持位置在上腰凹部第二腰椎处。这样人体上肢前后左右可以较自由地活动,同时又便于腰关节的自由转动(图2-11)。

表2-2是日本家具工作者研究的成果,靠背倾角自90°～120°范围内变动时,腰椎最佳的支承位置(图2-12)。

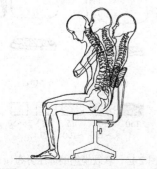

图2-11 坐椅靠背与腰椎关系

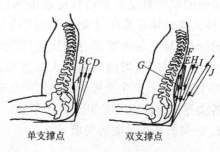

图2-12 人体与靠背10种最佳支承条件

靠 背 最 佳 支 承 条 件　　　　表2-2

条件		人体上体角度	上部		下部	
			支承点高度(mm)	支承面角度	支承点高度(mm)	支承面角度
单支承点	A	90°	250	90°		
	B	100°	310	98°		
	C	105°	310	104°		
	D	110°	310	105°		
双支承点	E	100°	400	95°	190	100°
	F	100°	400	98°	250	94°
	G	100°	310	105°	190	94°
	H	110°	400	110°	250	104°
	I	110°	400	104°	190	105°
	J	120°	500	94°	250	120°

扶手高度:休息椅和部分工作椅需要设置扶手,其作用是减轻两臂的疲劳。扶手的高度应与人体坐骨结节点到上臂自然下垂的肘下端的垂直距离相近。扶手过高时两臂不能自然下垂,过低则两肘不能自然落靠,此两种情况都易使上臂引起疲劳(图2-13)。根据人体尺度,扶手上表面至坐面的垂直距离为200～250mm,同时扶手前端略为升高,随着坐面倾角与椅靠背斜度的变化,扶手倾斜度一般为±10°～±20°,而扶手在水平方向的左右偏角在±10°,一般与坐面的形状吻合。

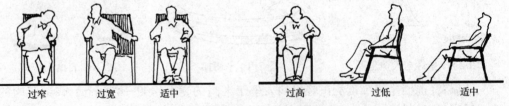

图2-13 椅子扶手宽窄与高低

坐面形状及其坐垫:坐面形状一般来说希望与人坐姿时大腿及臀部与坐面承压时形成的状态相吻合。坐面形状影响到坐姿时的体压分布,如图2-14所示两种形状的坐面形成不同的体压分布。图2-14(a)所示的体压分布较为合理,压力集中于坐骨支承点部分,大腿只受轻微的压力。图2-14(b)尽管坐面外形看起来较舒服,但坐上去后,体压分布显得承受面大,而且大腿的软组织部分要承受较大的压力,反而坐感不舒服。

坐垫的软硬对坐的舒适程度起很大作用。坐垫过硬,使人体的体重集中于坐骨隆起部分,而得不到均匀的分布,易引起坐骨部分的压迫疼痛感;坐垫过软,使臀部和腿部肌肉的软组织大部受压,也会引起坐感的不适,并且产生坐姿的不稳定和起立的困难。

各类凳椅的合理尺度如图2-15所示。

2. 卧具的基本尺度与要求

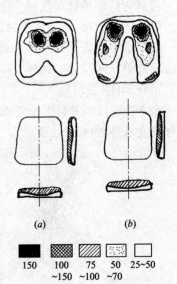

图2-14 软硬坐垫的体压分布(g/cm²)

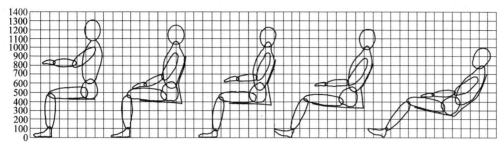

图 2-15　各类凳椅的尺度

床是供人睡眠休息的主要卧具,也是与人体接触时间最长的家具。床的基本要求是使人躺在床上能舒适地尽快入睡,并且要睡好,以达到消除一天的疲劳、恢复体力和补充工作精力的目的。因此床的设计必须考虑到床与人体生理机能的关系。

(1)卧姿时的人体结构特征:从人体骨骼肌肉结构来看,人在仰卧时,不同于人体直立时的骨骼肌肉结构。人直立时,背部和臀部凸出于腰椎有 40~60mm,呈"S"形。而仰卧时,这部分的差距减少至 20~30mm,腰椎接近于伸直状态。人体直立时各部分重量在重力方向相互叠加,垂直向下,但当人躺下时,人体各部分重量相互平行垂直向下,并且由于各体块的重量不同,其各部位的下沉量也不同。因此床的设计好坏影响能否消除人的疲劳,即床的合理尺度及床的软硬度一定要适应支承人体卧姿,使人体处于最佳的休息状态。

与坐椅一样,人体在卧姿时的体压分布情况是决定体感舒适的主要原因之一。图 2-16 所示为人体在两个柔软程度不同的床上的体压分布情况。图中上部为人体睡在弹性软硬适中的床面上所形成的体压分布状况。人体感觉迟钝的部分承受压力较大,而在人体感觉敏锐处承受的压力较小,这种体压分布的状况是比较合理的。下图是人体睡在过于柔软的床面上所形成的体压分布状况。由于床垫过软,使背部和臀部下沉,腰部突起,身体呈"W"形,形成骨骼结构的不自然状态,肌肉和韧带处于紧张的收缩状态,人体感觉敏感的与不敏感的部位均受到同样的压力,时间稍长就会产生不舒适感,需要通过不断的翻身来调整人体敏感部分的受压状况,使人不能熟睡,也就影响了正常的休息。

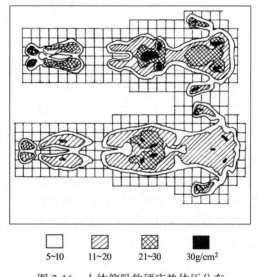

图 2-16　人体仰卧软硬床垫体压分布

因此为了使体压得到合理分布,必须精心设计好床的软硬度。现代家具中使用的床垫是解决体压分布合理的较理想用具。它由不同材料搭配的三层结构组成,上层与人体接触部分采用柔软材料;中层则采用较硬的材料;下层是承受压力的支承部分,用具有弹性的钢丝弹簧构成。这种软中有硬的三层结构做法,有助于人体保持自然和良好的仰卧姿态,从而得到舒适的休息。

(2)卧姿人体尺度:人在睡眠时,并不是一直处于一种静止状态,而是经常辗转反侧,人的睡眠质量除了与床垫的软硬有关外,还与床的大小尺寸有关。

床宽:床的宽窄直接影响人睡眠的翻身活动。日本学者做的试验表明,睡窄床比睡阔床的翻身次数少。当宽为500mm的床时,人睡眠翻身次数要减少30%,这是由于担心翻身掉下来的心理影响,自然也就不能熟睡。一般我们以仰卧姿势作基准,以人的肩宽的2.5～3倍来设计床宽。我国成年男子平均肩宽为410mm。按公式计算,单人床宽为1000mm。但试验表明,床宽自700mm～1300mm变化时,作为单人床使用,睡眠情况都很好。因此我们可以根据居室的实际情况,单人床的最小宽度为700mm。

床长:床的长度指两床头板内侧或床架内的距离。为了能适应大部分人的身长需要,床的长度应以较高的人体作为标准进行设计,床的长度可按下列公式计算(图2-17):

$$L = h(平均身高) \times 1.05 + a(头前余量) + b(脚后余量)$$

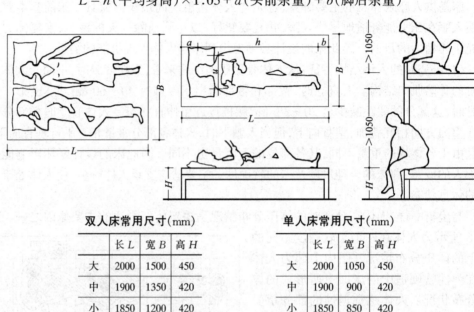

双人床常用尺寸(mm)

	长L	宽B	高H
大	2000	1500	450
中	1900	1350	420
小	1850	1200	420

单人床常用尺寸(mm)

	长L	宽B	高H
大	2000	1050	450
中	1900	900	420
小	1850	850	420

图2-17 床的尺度

国家标准GB 3328—82规定,成人用床床面净长一律为1920mm,对于宾馆的公用床,一般脚部不设床架,便于特高人体的客人需要,可以加接脚凳。

床高:床高即床面距地高度。一般与椅坐的高度取得一致,使床同时具有坐卧功能。另外还要考虑到人的穿衣、穿鞋等动作。一般床高在400～500mm之间。双层床的层间净高必须保证下铺使用者在就寝和起床时有足够的动作空间,但又不能过高,过高会造成上下的不便及上层空间的不足。按国家标准GB 3328—82规定,双层床的底床铺面离地面高度不大于420mm,层间净高不小于950mm。

(二)凭倚性家具

凭倚性家具是人们工作和生活所必需的辅助性家具。如就餐用的餐桌、看书写字用的写字桌、学生上课用的课桌、制图桌等;另有为站立活动而设置的售货柜台、账台、讲台和各种操作台等。这类家具的基本功能是适应在坐、立状态下,进行各种活动时提供相应的辅助条件,并兼作放置或贮存物品之用,因此这类家具与人体动作产生直接的尺度关系。

1. 坐式用桌的基本要求和尺度

高度:桌子的高度与人体动作时肌体的形状及疲劳度有密切的关系。经实验测试,过高的桌子容易造成脊椎的侧弯和眼睛的近视,从而降低工作效率。另外桌子过高还会引起耸肩、肘低于桌面等不正确姿势而引起肌肉紧张,产生疲劳;桌子过低也会使人体脊椎弯曲扩大,造成驼背、腹部受压,妨碍呼吸运动和血液循环等弊病,背肌的紧张收缩,也易引起疲劳。因此正确的桌高应该与椅坐高保持一定的尺度配合关系。设计桌高的合理方法是应先有椅坐高,然后再加按人体坐高比例尺寸确定的桌面与椅面的高差尺寸,即:

$$桌高 = 坐高 + 桌椅高差(坐姿时上身高度的 1/3)$$

根据人体不同使用情况,椅坐面与桌面的高差值可有适当的变化。如在桌面上书写时,高差 = 1/3 坐姿上身高减 20～30mm,学校中的课桌与椅面的高差 = 1/3 坐姿上身高减 10mm。

桌椅面的高差是根据人体测量而确定的。由于人种高度的不同,该值也就不一,因此欧美、俄罗斯等国的标准与我国的标准不同。1979 年国际标准(ISO)规定桌椅面的高差值为 300mm,而我国确定值为 292mm(按我国男子平均身高计算)。由于桌子定型化的生产,很难定人使用,目前还没有看到男人使用的桌子和女人使用的桌子,因此这一矛盾可用升降椅面高度来弥补。我国国家标准 GB 3326—82 规定桌面高度为 $H = 700～760mm$,级差 $\Delta S = 20mm$。即桌面高可分别为 700mm、720mm、740mm、760mm 等规格。我们在实际应用时,可根据不同的使用特点酌情增减。如设计中餐用桌时,考虑到中餐进餐的方式,餐桌可略高一点;若设计西餐用桌,同样考虑西餐的进餐方式,使用刀叉的方便,将餐桌高度略降低一些。

桌面尺寸:桌面的宽度和深度应以人坐姿时手可达的水平工作范围(图 2-18),以及桌面可能置放物品的类型尺寸为依据。如果是多功能的或工作时需配备其他物品、书籍时,还要在桌面上增添附加装置,对于阅览桌、课桌类的桌面,最好有约 15°的倾斜,能使人获得舒适的视域和保持人体正常的姿势,但在倾斜的桌面上,除了书籍、簿本外,其他物品就不易陈放。

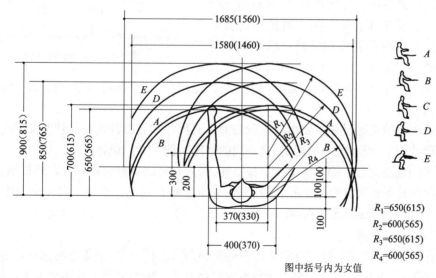

图 2-18 手的水平活动幅度(mm)

国家标准 GB 3326—82 规定:

双柜写字台宽为 1200～1400mm;深为 600～750mm;

单柜写字台宽为 900～1200mm;深为 500～600mm;

宽度级差为 100mm;深度级差为 50mm;一般批量生产的单件产品均按标准选定尺寸,但对组合柜中的写字台和特殊用途的台面尺寸,不受此限制。

餐桌与会议桌的桌面尺寸以人均占周边长为准进行设计(图 2-19)。一般人均占桌面周边长为550～580mm,较舒适的长度为600～750mm。

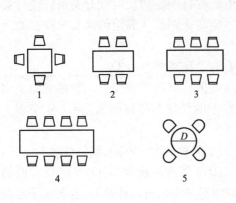

	长 度	深 度
1	700～850	600～650
2	780～850	600～850
3	1150～1500	750～900
4	1700～2000	750～900
5		600～850

人数	4	6	8	10	12
圆桌直径	750～900	900～1100	1100～1300	1300～1500	1500～1800

图 2-19 坐式用桌面尺寸(mm)

桌面下的净空尺寸:为保证坐姿时下肢能在桌下设置与活动,桌面下的净空高度应高于双腿交叉叠起时的膝高,并使膝上部留有一定的活动余地(图 2-20～图 2-22)。如有抽屉的桌子,抽屉不能做得太厚,桌面至抽屉底的距离不应超过桌椅高差的 1/2,即 120～150mm,也就是说桌子抽屉下沿距椅坐面至少应有 172～150mm 的净空。国家标准 GB 3326—82 规定,桌下容膝空间净高大于 580mm,净宽大于 520mm。

2. 立式用桌(台)的基本要求与尺度

立式用桌主要指售货柜台、营业柜台、讲台、服务台及各种工作台等。站立时使用的台桌高度是根据人体站立姿势和屈臂自然垂下的肘高来确定的。按我国人体的平均身高,站立用台桌高度以 910～965mm 为宜。若需要用力工作的操作台,其桌面可以稍降低 20～50mm,甚至更低一些(图 2-23)。

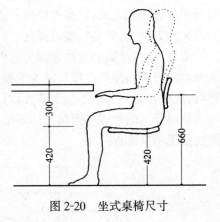

图 2-20 坐式桌椅尺寸

立式用桌的桌面尺寸主要由动作所需的表面尺寸和表面放置物品状况及室内空间和布置形式而定,没有统一的规定,视不同的使用功能作专门设计。

立式用桌的桌台下部不需留出容膝空间,因此桌台的下部通常可作贮藏柜用,但立式桌台的底部需要设置容足空间,以利于人体紧靠桌台的动作之需。这个容足空间是内凹的,高度为 80mm,深度在 50～100mm(图 2-24)。

(三)贮存性家具

贮存性家具是收藏、整理日常生活中的器物、衣物、消费品、书籍等的家具。根据存放物品的不同,可分为柜类和架类两种不同贮存方式。柜类贮存方式主要有大衣柜、小衣柜、壁柜、被褥柜、书柜、床头柜、陈列柜、酒柜等;而架类贮存方式主要有书架、食品架、陈列架、衣帽架等。贮存类家具的功能设计必须考虑人与物两方面的关系:一方面要求家具贮存空间划分合理,方便人们存取,有利于减少人体疲劳;另一方面又要求家具贮存方式合理,贮存数量充分,满足存放条件。

第一节 人体生理机能与家具设计的关系

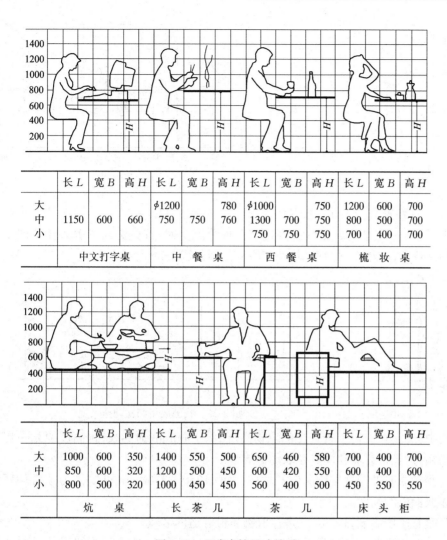

图 2-21 坐式桌椅尺寸关系

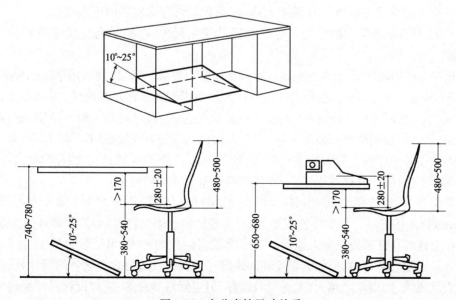

图 2-22 办公桌椅尺寸关系

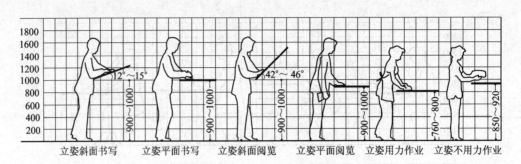

图 2-23　立式用桌与人体尺度关系

1. 贮存性家具与人体尺度的关系

为了正确确定柜、架、搁板的高度和合理分配空间,首先必须了解人体所能及的动作范围,以我国成年妇女为例,其动作活动范围如图 2-25 所示。

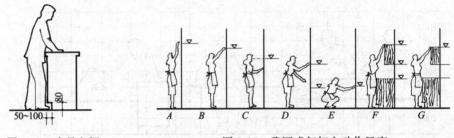

图 2-24　容足空间　　　　图 2-25　我国成年妇女动作尺度

图中:A 是站立时上臂伸出的取物高度,以 1900mm 为界线,再高就要站在凳子上存取物品,是经常存取和偶然存取的分界线。

B 是站立时伸臂存取物品较舒适的高度,1750～1800mm 可以作为经常伸臂使用的挂棒或搁板的高度。

C 是视平线高度,1500mm 是存取物品最舒适的区域。

D 是站立取物比较舒适的范围,600～1200mm 高度,但已受视线影响及需局部弯腰存取物品。

E 是下蹲伸手存取物品的高度,650mm 可作经常存取物品的下限高度。

F、G 是有炊事案桌的情况下存取物品的使用尺度,存贮柜高度尺寸要相应降低 200mm。

根据上述动作分析,家庭橱柜应适应妇女的使用要求。我国的柜高限度在 1850mm,在 1850mm 以下的范围内,根据人体动作行为和使用的舒适性及方便性,再可划分为二个区域,第一区域为以人肩为轴,上肢半径活动的范围,高度定在 650～1850mm,是存取物品最方便、使用频率最多的区域,也是人的视线最易看到的视域。第二区域为从地面至人站立时手臂垂下指尖的垂直距离,即 650mm 以下的区域,该区域存贮物品不便,人必须蹲下操作,而且视域不好,一般存放较重而不常用的物品。

若需要扩大贮存空间,节约占地面积,则可以设置第三区域,即橱柜的上空 1850mm 以上的区域。一般可叠放柜架,存放较轻的过季性物品(如棉絮等)(图 2-26)。

在上述贮存区域内根据人体动作范围及贮存物品的种类,可以设置搁板、抽屉、挂衣棍等。在设置搁板时,搁板的深度和间距除考虑物品存放方式及物体的尺寸外,还需考虑人的视线,搁板间距越大,人的视域越好,但空间浪费较多,所以设计时要统筹安排(图 2-27、图 2-28)。

至于搁、柜、架等贮存性家具的深度和宽度,是由存放物的种类、数量、存放方式以及室内空间的布局等因素来确定,在一定程度上还取决于板材尺寸的合理裁割及家具设计系列的模数化。

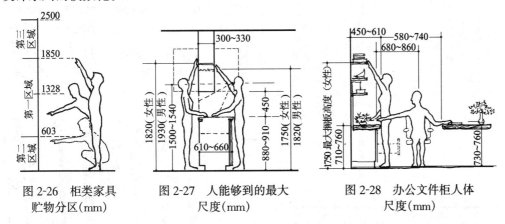

图 2-26　柜类家具贮物分区(mm)

图 2-27　人能够到的最大尺度(mm)

图 2-28　办公文件柜人体尺度(mm)

2. 贮存性家具与贮存物的关系

贮存性家具除了考虑与人体尺度的关系外,还必须研究存放物品的类别与方式,这对确定贮存性家具的尺寸和形式起重要作用。

一个家庭中的生活用品是极其丰富多彩的,从衣服鞋帽到床上用品,从主副食品到烹饪器具、各类器皿,从书报期刊到文化娱乐用品,以及其他日杂用品,这么多的生活用品,尺寸不一,形体各异,力求做到有条不紊、分门别类地存放,促成生活安排的条理化,从而达到优化室内环境的作用。

各种物品有各种不同的尺寸比例及不同的贮存方式。各类服装的尺寸及贮存方式如图 2-29～图 2-31 所示。

一般书刊的书型及其尺寸如图 2-32 所示。

一般的厨房用具及日杂用品尺寸如图 2-33 所示。

桌、柜家具各部件尺寸定位如图 2-34 所示。

电视机、组合音响、家用电器等也已成为现代家庭必备的用具及设备,它们的陈放和贮存性家具也有密切的关系,一些大型的电气设备如洗衣机、电冰箱等是独立落地放置的,但在布局上尽量与橱柜等家具组合设置,使室内空间取得整齐划一的效果。

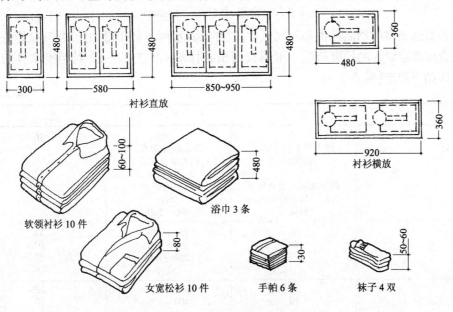

图 2-29　衬衣等贮存尺度(mm)

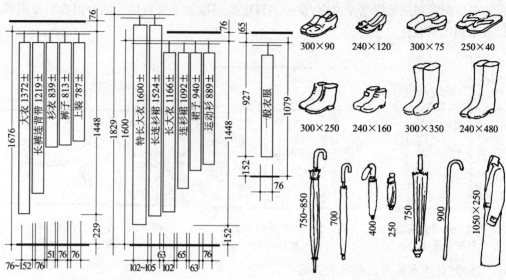

图 2-30　挂衣的尺度(mm)　　　图 2-31　风雨柜物品贮存尺度(mm)

图 2-32　书刊、书型及尺寸(mm)

针对这么多的物品种类和不同尺寸,贮存家具不可能制作得如此琐碎,只能分门别类地合理确定设计的尺度范围。根据我国国家标准 GB 3327—82 对柜类家具的某些尺寸作如下限定(见表 2-3)。

表 2-3

类　别	限 定 内 容	尺寸范围	级　差
衣　柜	宽 挂衣棒下沿至底板 表面的距离 顶层抽屉上沿离地面 底层抽屉下沿离地面 抽屉深	>500 >850(挂短衣) >1350(挂长衣) >450(叠衣) <1250 >60 400～550	50
书　柜	宽 深 高 层高	150～900 300～400 1200～1800 >220	50 10 50
文件柜	宽 深 高	900～1050 400～450 1800	50 10

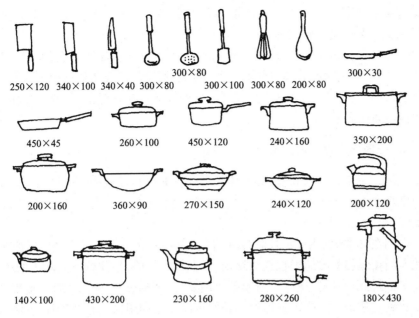

图 2-33 厨房用具尺寸(mm)

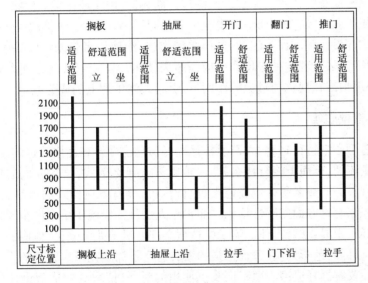

图 2-34 家具部件尺寸定位(mm)

第二节 人体心理机能对家具设计的要求

家具设计除了满足人体生理机能的使用功能外,还要满足人体心理机能上的各种需求。

一、家具认知的心理特征

对任何造型艺术的欣赏都是一种认知活动。人们在使用家具的过程中,除了获得直接的功效外,还会得到一种心理上的满足,这种心理上的满足实际上是对家具艺术的一种认知过程,即美学上的审美要求。从家具造型的点、线、面、体、虚实、深浅色彩等获得的视觉信息和触觉所获得的柔软感、粗糙感、光滑感和温度感等知觉信息共同传递到人的中枢神经,激起人们的情感,产生愉快的情绪,使人得到美的享受。因此审美和爱美是人体心理需求。美的形象信息有助于情绪稳定与心理平衡,同样不同的情绪对美的形象认知会产生不同差异。

在对家具的审美认知过程中,形式的美感、色彩的刺激和宜人的功效都会给审美的主体即人得到一种快感,这种快感不是一般的概念的形象所能产生的,而是需要突破概念化、程式化的形象,达到新、奇、异、佳,才能使人产生视觉的、触觉的快感,从而满足心理机能的审美要求。

二、心理感觉对生理的影响

人体是完整统一的有机体,人体的生理机能和心理机能往往是相互影响、相互制约的。生理上的不舒坦会影响到心理情绪,反之心理情绪会传导至生理机能而引起相应的反应。

人们在日常生活中,通过对各种材质、造型和色彩的认知积累,形成理性的经验。因此人们接触物品时通过视觉的感知,凭积累的经验,往往就可判断物的优劣。在家具设计中,对材质、色彩、造型等的细微处理好坏,能给使用者的心理产生很大的影响,甚至涉及到对整个产品的审美评价。我们可以充分利用这一心理特征,在家具设计中,重视细部处理并加以精心制作。如沙发的扶手,做工细腻、涂饰润滑、手感舒适,能使人产生精美的感觉和惬意的快感。又如沙发的包衬面料,选用质地粗柔的织物,产生一种温暖而又具有粗犷肌理的艺术品味,人坐上去会比同样用人造革面做的沙发更舒适些,如果对家具的细部设计和制作不注意,显得粗制滥造,给使用者带来不愉快的心理感受,甚至产生某种劣感,带着这种心理和消极情绪去使用沙发,不久,就会使人感到腰酸背痛,这就是心理情绪在视觉和触觉的作用下,引起人体生理上的疲劳感。

三、家具造型心理

从家具造型心理特征来看,人们通常是选择与自己爱好和性格接近的家具,但也有许多人是赶潮流的,市面上流行什么款式,他就喜欢什么款式,这和人们的年龄、职业、文化素养等有关。一般老年人偏爱稳重、色调深沉、具有古典样式的家具,因为他们的认知经验中积累有这方面的感性认识。而青年人的认知经验中更多的是现代生活中的事物,因此求新、求异、求奇是他们需求的造型心理。对于儿童来说,他们的心理偏爱幻想、自然、纯真,因此色彩鲜明、象征性强的家具造型是深受儿童们喜爱的。

家具设计要掌握好造型心理特征及供使用的对象,使家具的造型设计具有鲜明的性格。如素雅大方、古朴庄重、华贵富丽、轻巧活泼等等。设计师更需通过市场信息的调查不断设计出新颖的为众多使用者喜爱的产品。

第三节 各类家具尺度示例

一、居住类家具尺度示例

起居室、餐室、书房典型布置示例

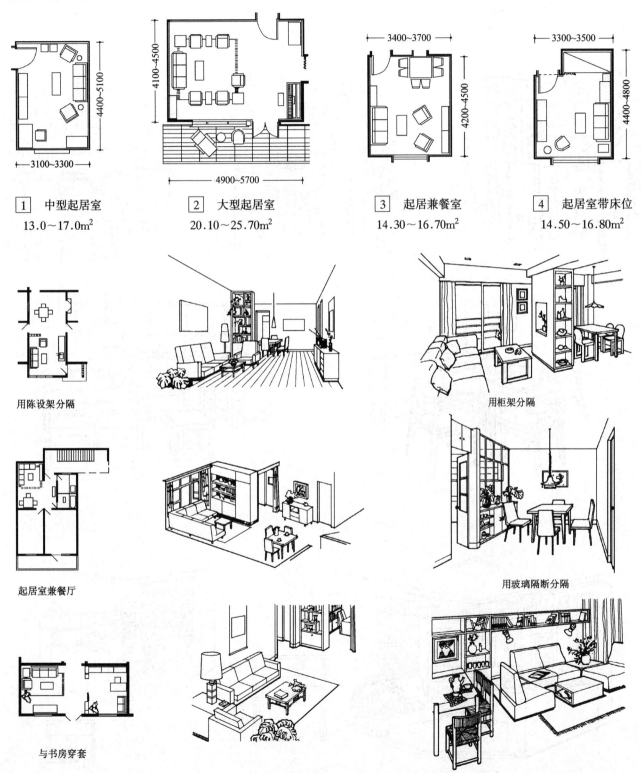

1 中型起居室	2 大型起居室	3 起居兼餐室	4 起居室带床位
13.0~17.0m²	20.10~25.70m²	14.30~16.70m²	14.50~16.80m²

用陈设架分隔　　　　用柜架分隔

起居室兼餐厅　　　　用玻璃隔断分隔

与书房穿套

5 各类起居室示例

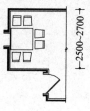
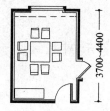
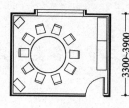

|6| 中型餐室
10.40~14.90m²

|7| 大型餐室
14.90~16.0m²

|8| 书房
11.60~14.90m²

|9| 餐室

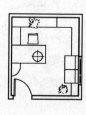

|10| 学习室

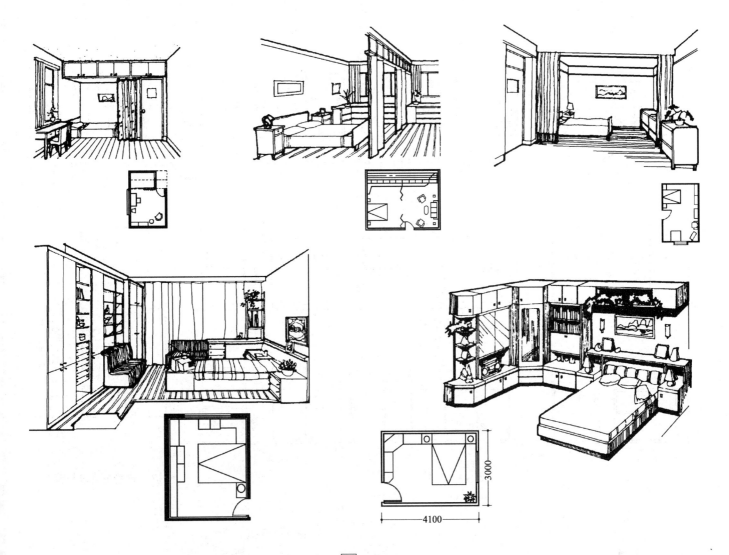

11 卧室

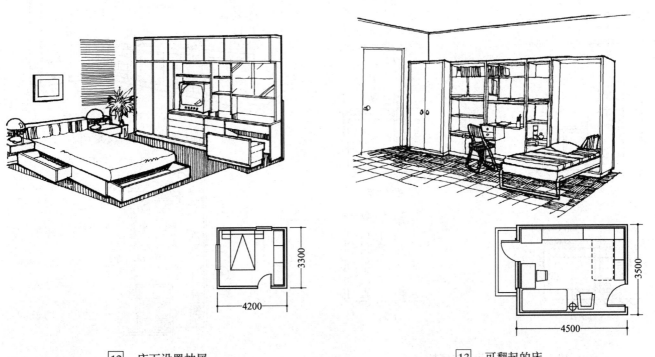

12 床下设置抽屉

13 可翻起的床

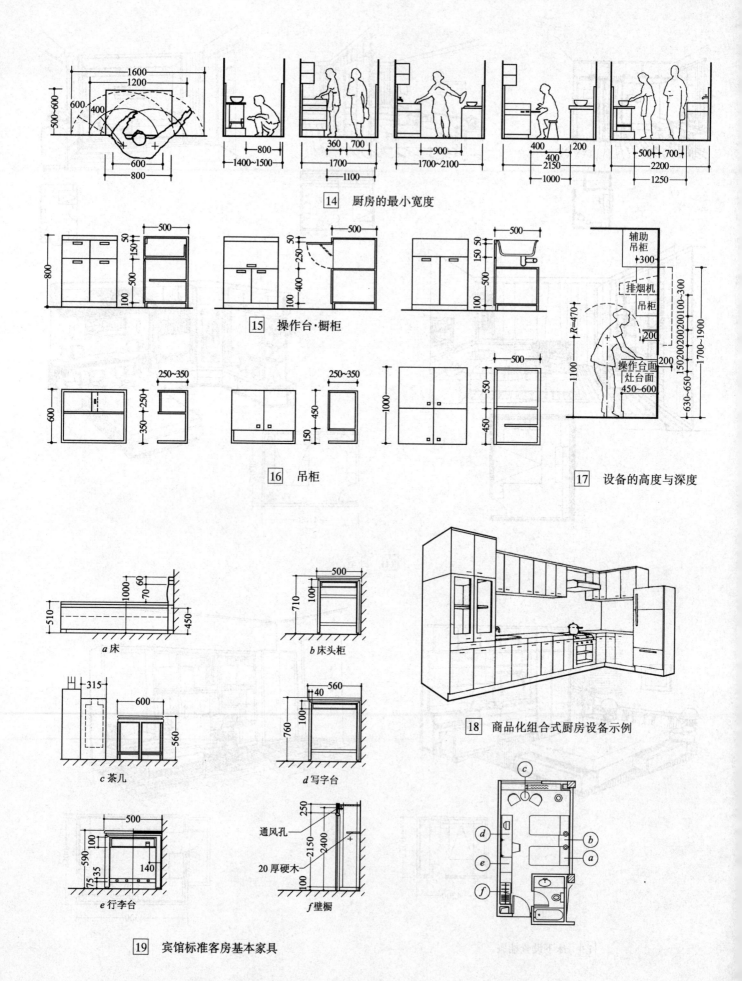

二、办公类家具尺度示例

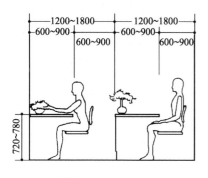

1 办公桌间距

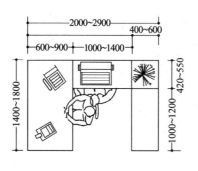

2 "U"形办公桌布置基本尺寸

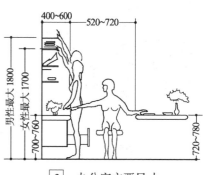

3 办公室主要尺寸

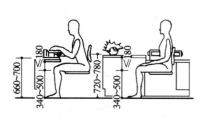

4 打字桌尺寸

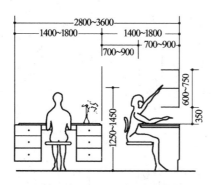

5 设有吊柜基本单元的办公尺寸

办公桌尺寸表

	宽	深
二屉桌	900～1200	450～600
三屉桌	1100～1400	500～700
三件桌	1200～1800	600～850
经理桌	1400～2000	700～956

6 个人级 OA 示例

7 基层级 OA 示例

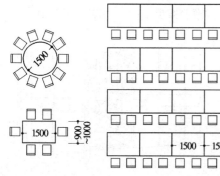
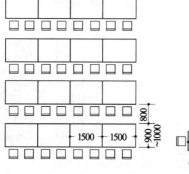
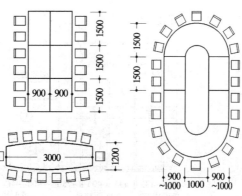
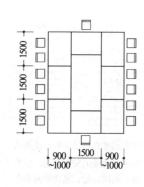

8 会议桌形式

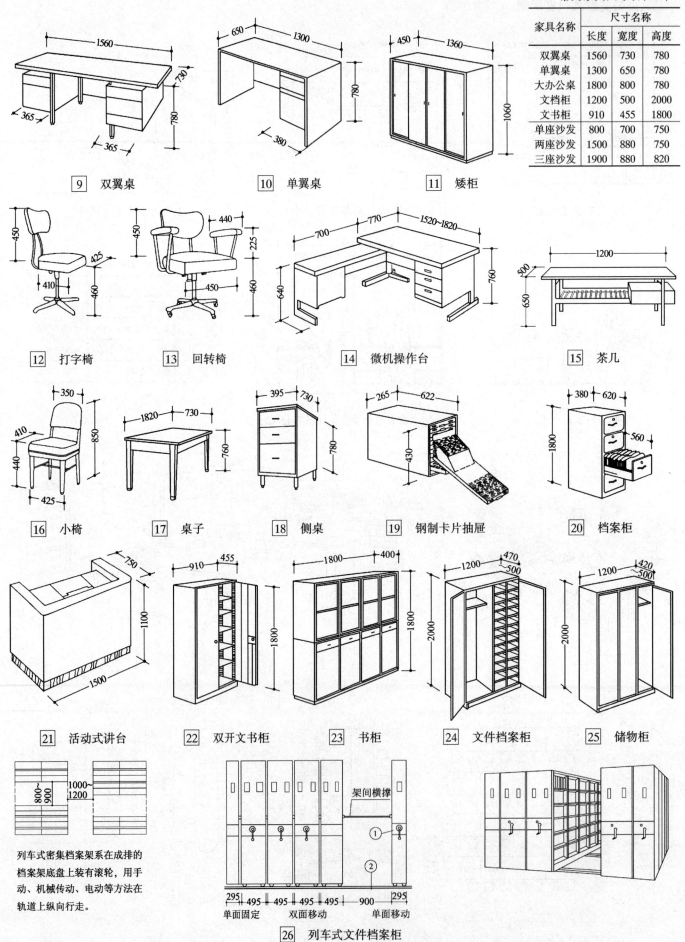

三、商业类家具尺度示例

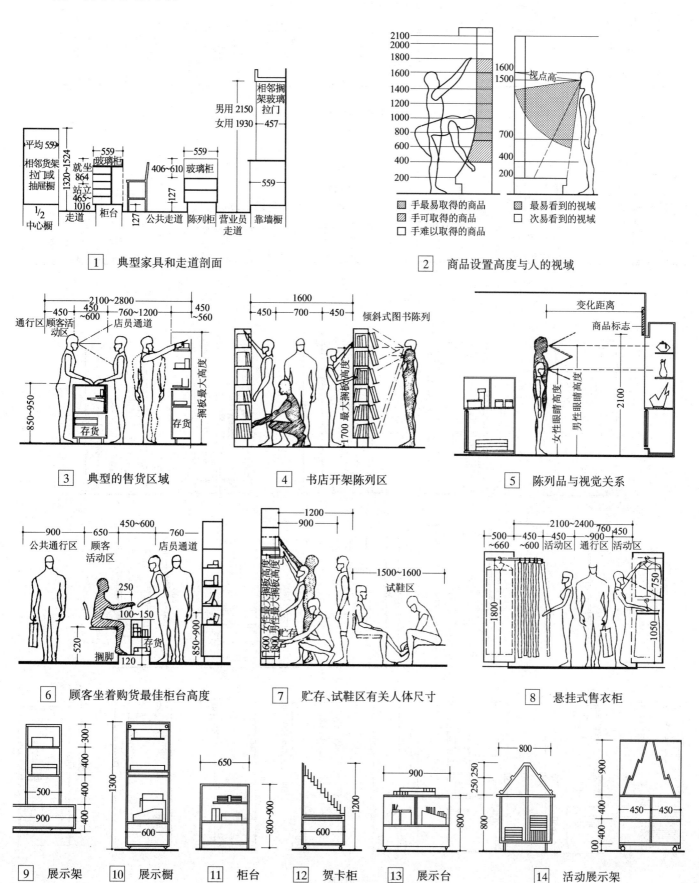

1 典型家具和走道剖面
2 商品设置高度与人的视域
3 典型的售货区域
4 书店开架陈列区
5 陈列品与视觉关系
6 顾客坐着购货最佳柜台高度
7 贮存、试鞋区有关人体尺寸
8 悬挂式售衣柜
9 展示架
10 展示橱
11 柜台
12 贺卡柜
13 展示台
14 活动展示架

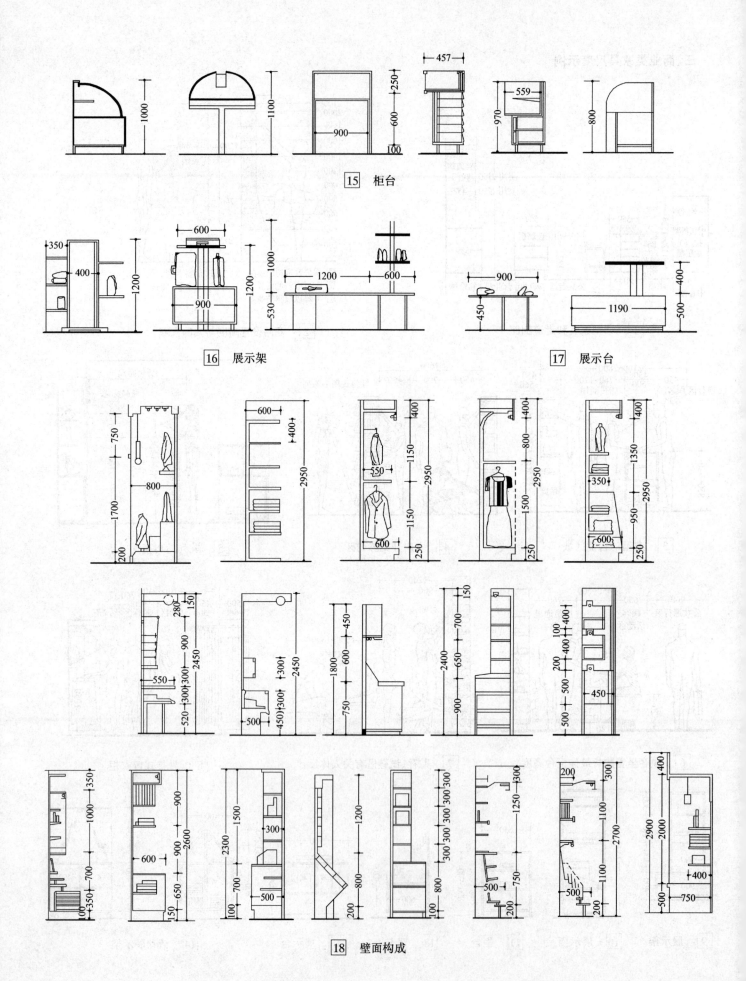

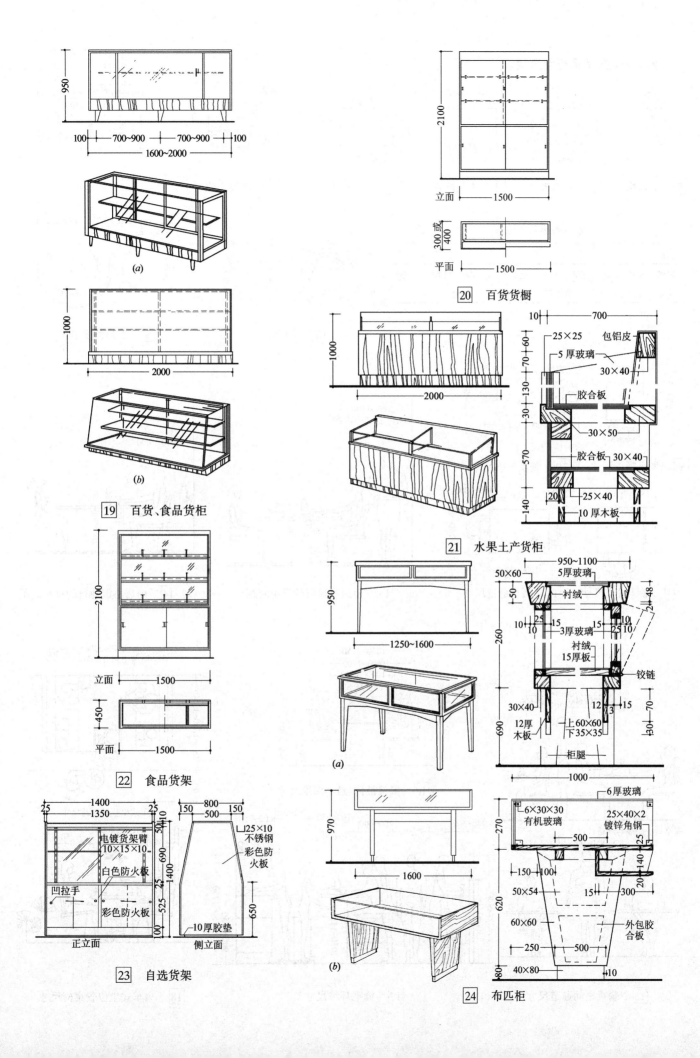

四、餐饮类家具尺度示例

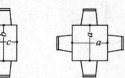 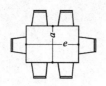 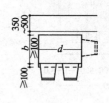 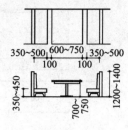

|1| 2人长桌 |2| 4人方桌 |3| 4人长桌 |4| 6人长桌 |5| 沙发坐位 |6| 火车式坐位

常用餐桌尺寸（mm）

类型	a	b	c	d	e
进餐	850～1000	800～850	650	≥1300	1400～1500
小吃	750～800	700	600	1000～1200	—

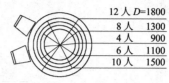 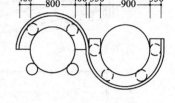

|7| 圆桌 |8| 曲形沙发坐位

 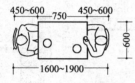 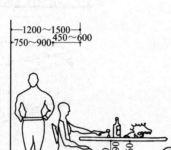 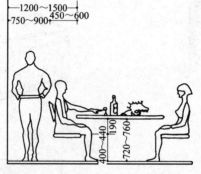

|9| 最小餐位尺寸 |10| 餐桌最小尺寸 |13| 椅后可通行的最小间距 |14| 椅后不能通行的最小间距

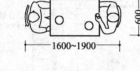 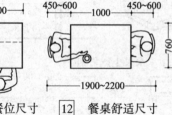

|11| 最佳餐位尺寸 |12| 餐桌舒适尺寸

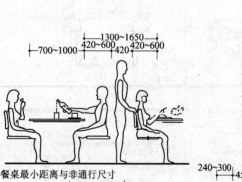 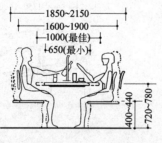 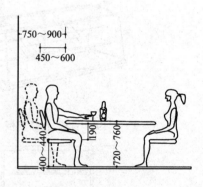

餐桌最小距离与非通行尺寸 |16| 餐桌最佳、最小深度尺寸 火车式坐位及交通尺寸

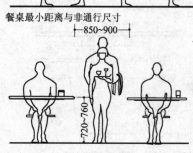 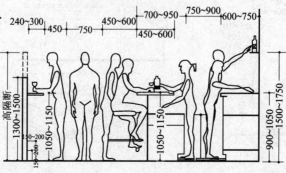 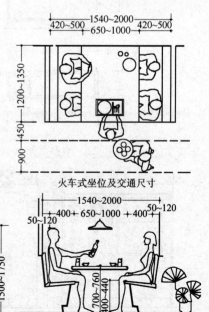

|15| 餐桌之间通道尺寸 |17| 酒吧环境尺寸 |18| 火车式坐位餐桌椅尺寸

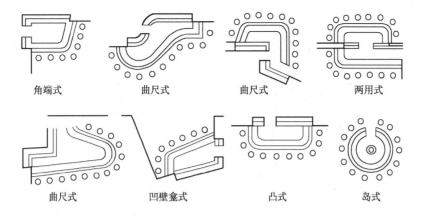

19 酒吧平面类型图例

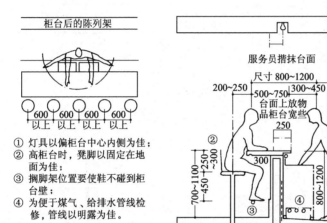

20 酒吧柜台尺寸

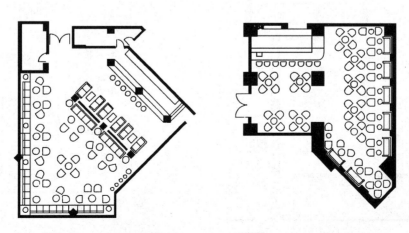

21 南京金陵饭店酒吧　　22 北京长城饭店鸡尾酒厅

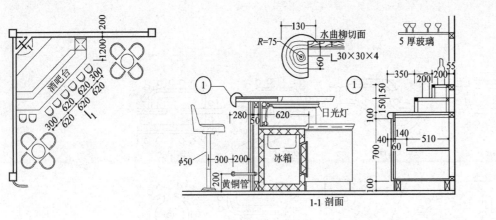
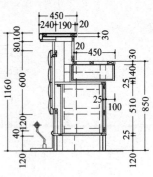

23 吧台平、剖面示例

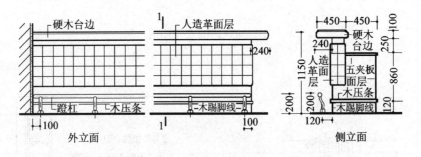

24 酒吧柜实例一

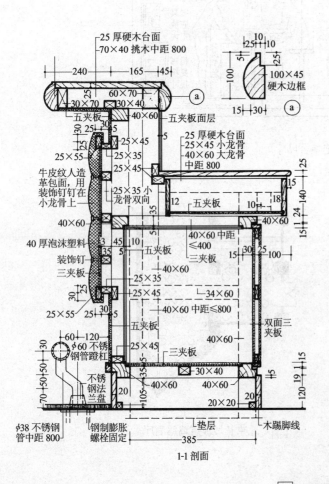
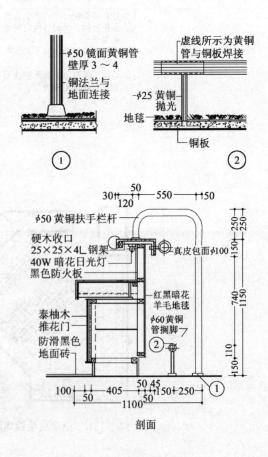

25 酒吧柜实例二

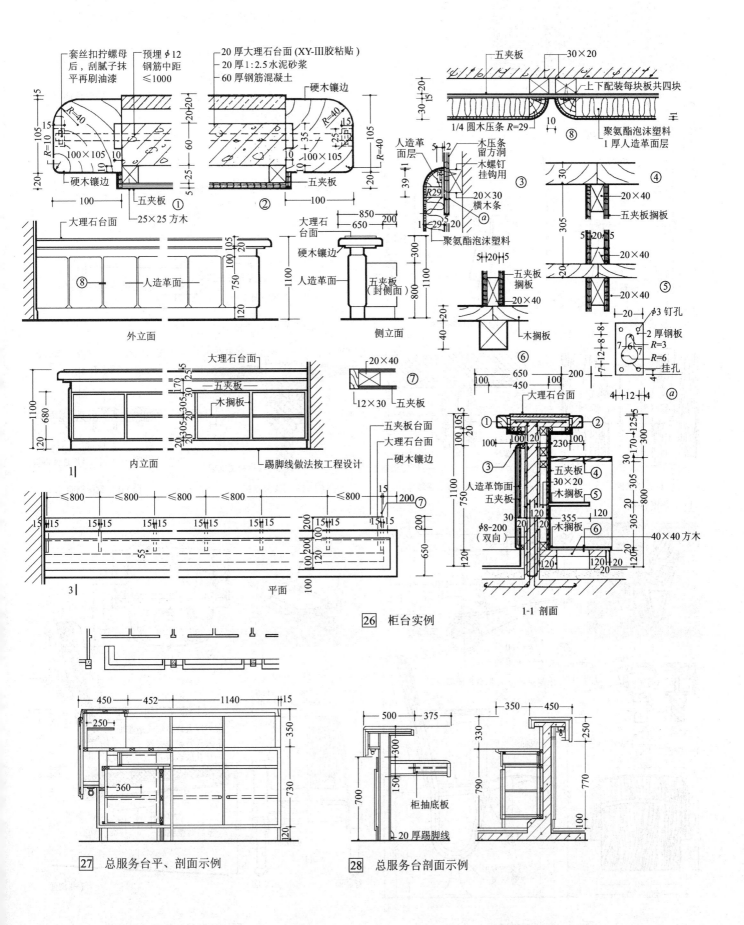

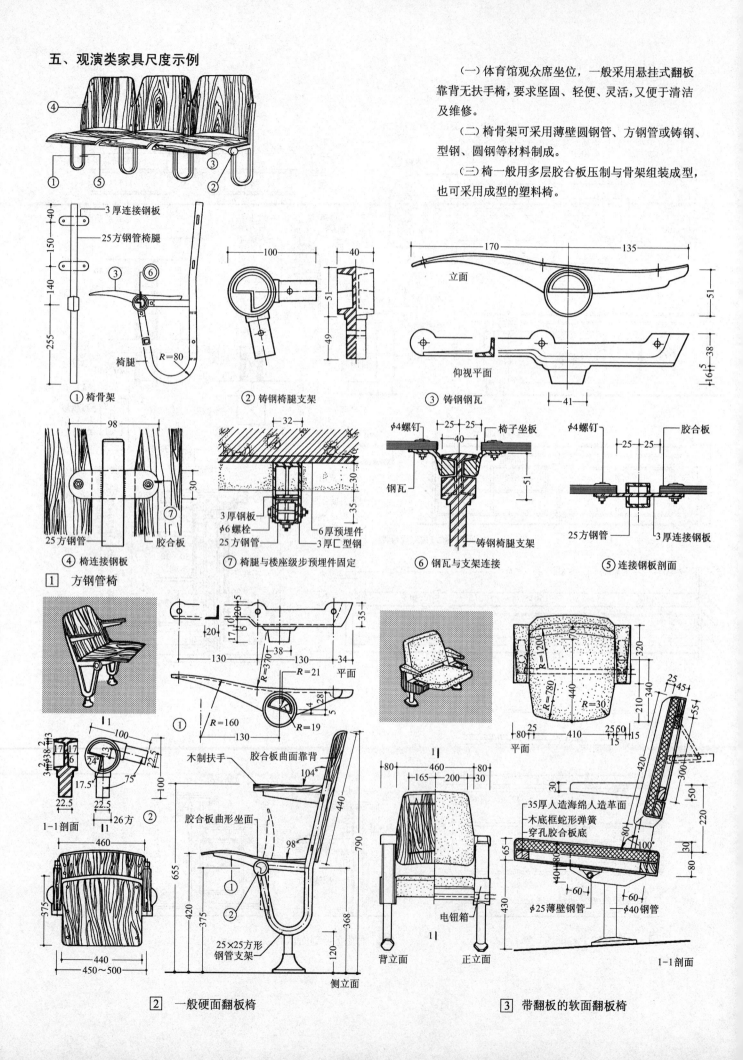

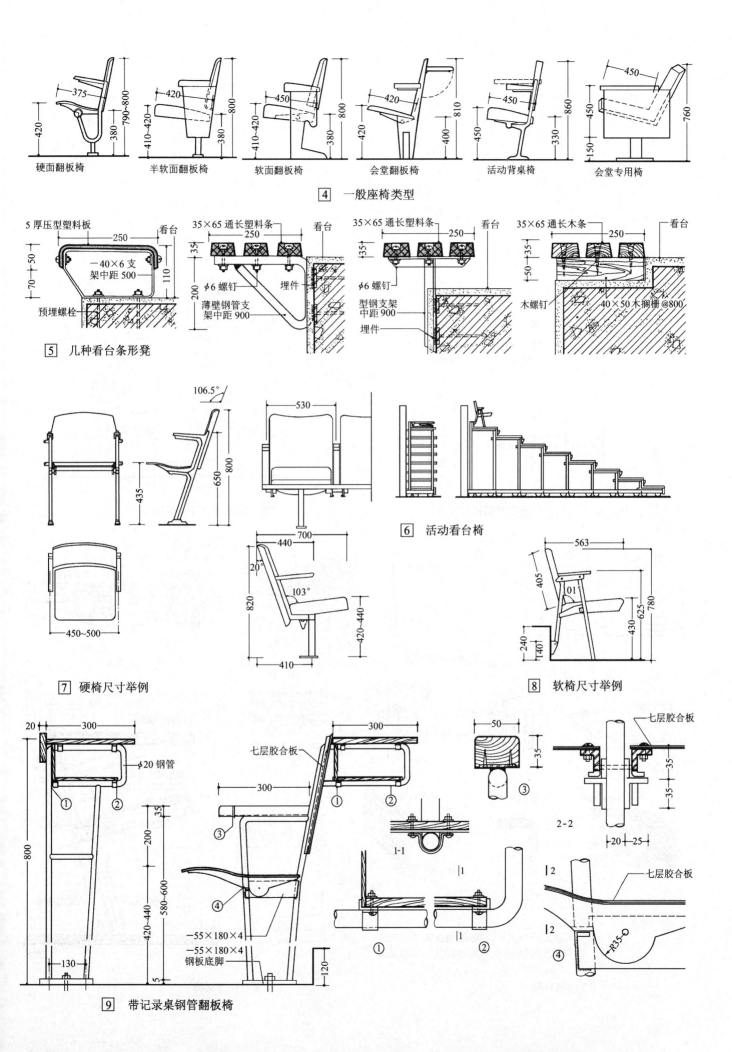

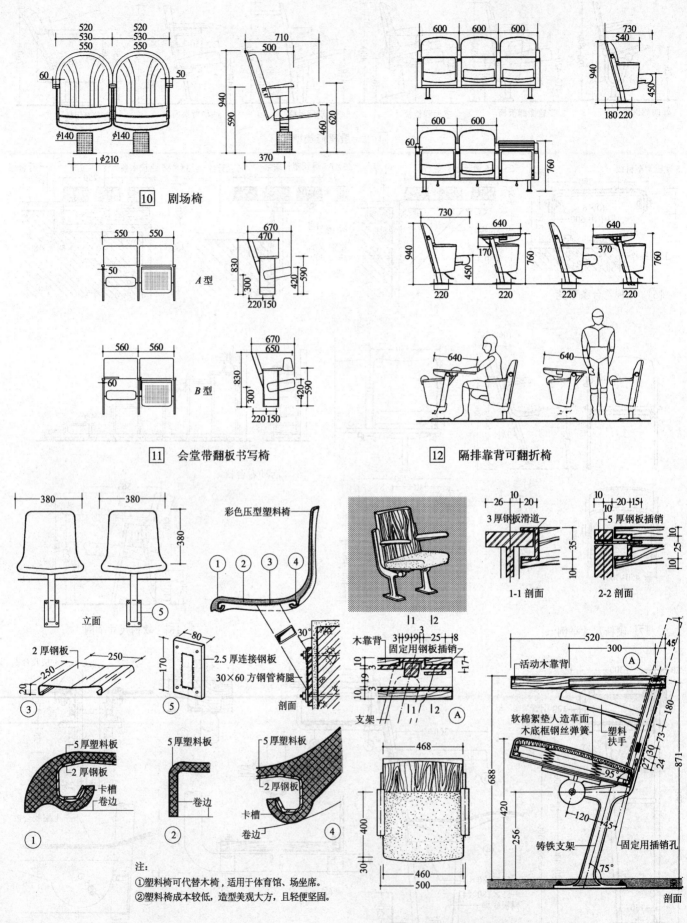

第三章 家具制造的物质技术基础

家具是由各种材料并通过一定的结构技术制造而成的,所以家具设计除了考虑人体使用功能的基本要求外,还必须考虑运用什么材料,采用什么样的结构技术。材料是构成家具的物质基础,而结构是形成家具的技术手段。另外材料与结构技术也是影响家具造型的重要因素,不同的材料产生不同的结构形式,同时也造就不同的家具造型特征。如中国传统家具,利用花梨木及框架结构产生了具有纯朴、端庄、秀丽的造型;而现代家具中的不锈钢管与皮革软垫及其特殊的结构特性,形成了轻巧、通透的造型。如图 3-1 所示,随着新材料、新技术和新工艺的不断产生和发展,家具造型也越来越丰富,适用性越来越大,表现出与前迥然不同的造型特征。

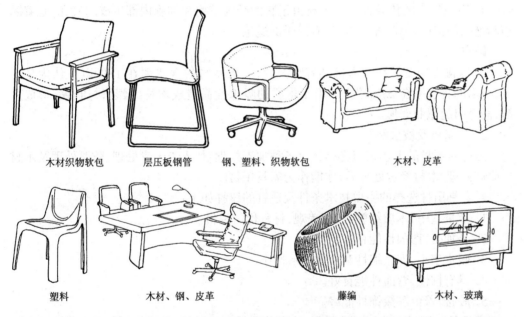

| 木材织物软包 | 层压板钢管 | 钢、塑料、织物软包 | 木材、皮革 |

| 塑料 | 木材、钢、皮革 | 藤编 | 木材、玻璃 |

图 3-1 不同材料的家具造型

由于材料、结构等物质技术因素与工厂制造过程中的一系列工艺、经济有密切关系,它将影响到家具的安全性和耐久性等内在质量,因此对材料及结构技术的合理运用成为直接影响家具设计的两个重要因素。

第一节 家具用材

家具用材按其用途可分为主材和辅材两类,而主材又因其材质的不同可分为木材、金属、塑料、竹藤等,其中木材是家具用材中使用最为广泛的材料。随着我国对木材综合利用事业的迅速发展,各种人造板同时被广泛地应用于家具制造,而新技术、新材料的应用也为家具制造提供了更多的可能性。

一、木材

我国地域辽阔,树种繁多,适用于家具主要用材的树种约有三十余种,主要有:东北的落叶松、红松、白松、水曲柳、榆木、桦木、椴木、柞木、黄波萝、楸木等；长江流域的杉木、本松、柏木、樟木、梓木、榉木等；南方的香樟、柚木、紫檀等。有许多名贵木材还需从东南亚进口，如柳桉、柚木、花梨木等。

（一）木材优缺点及其选用

优点：

1. 质轻而强度较大。一般木材的密度常在 $0.5\sim0.7\text{g/cm}^3$，而其单位重量的强度却比较大，各种木材顺纹抗压极限强度的平均值在 50MPa。

2. 具有天然纹理和色泽。木材因年轮经锯割方向的不同而形成各种粗、细、直、斜的纹理，再经刨切、拼接等各种方式的加工，成为纹理精美的天然制品。各种木材还具有不同的天然色泽，木本色成为家具回归自然的一种流行色。

3. 容易加工和涂饰。木材由于它的密度小，经采伐、干燥后便可用简单的手工工具或机械加工进行锯、刨、雕凿等，还可以用钉接、榫接胶合等方法加以连接。由于木材的材质结构具有毛细孔及管状细胞，因此极易吸湿受潮。油漆的附着力强，着色和涂饰性能好。

4. 电、热、声的传导性小。木材由于它的纤维结构和细胞内部生成的气孔，起着隔声和绝缘的作用，因此导热慢，具有温暖舒适感。

缺点：

1. 吸湿性和变异性。木材具有吸湿性，一般木材的含水率在 18% 以下认为是干木，湿木的含水率在 23% 以上。由于木材的吸水性而造成木材的膨胀与收缩，形成开裂，甚至引起翘曲变形。

2. 易腐朽及被虫蛀蚀。

因此对木材的上述缺点必须经过各种加工处理，如人工干燥处理、防腐处理及木材的改性处理，木材经过处理后，才能作为家具用材。

对家具用材选择的主要技术条件及适宜的树种如下：

1. 重量适中，木质细腻，纹理美观，材色均匀悦目。
2. 易加工，切削性能良好。
3. 吸水率小，即胀缩性和翘曲变形性小。
4. 具有韧性，弯曲性能良好。
5. 胶接、着色和涂饰性能好。

家具外部用材应选用质地坚硬、纹理美观的阔叶树材，常用的材种有水曲柳、柳桉、榆木、色木、柞木、麻栎、黄波萝、榉木、橡木、柚木、花梨、紫檀等；家具内部用材可选用材质较松、材色和纹理不显著的针叶树材，常用的材种有红松、本松、白松、杉木等。

（二）木材规格

家具木材的规格有板材、方材、薄木、曲木和人造板材。

按材料断面的宽度为厚度的三倍及三倍以上的称为板材，而宽厚比小于 3:1 的称为方材。板材和方材是家具制作中最常用的材料，另外薄木、曲木和人造板材是家具用材中的特种材料，使用也较多。

薄木：厚度在 0.1~3mm 之间。为了提高贵重木材的利用率，发展了微薄木的应用技术，微薄木的厚度在 0.1mm 以下，需要做基底承托，然后组合成多层胶合，刨切薄木饰面的胶合板，扩大了木材树种的利用，也为家具表面提供了优质的装饰材料。

曲木：在家具生产中，经常会遇到制造各种曲线形的零部件，这就需要使用曲木。曲木的加工方式有两大类：一类为锯制加工，即用较大的木料按所需的曲线加以锯割而成。这种加工而成的曲木，由于木材纹理被割断而降低了强度，消耗的木料也大，而且加工复杂,锯割面的涂饰质量也差,因此这种加工方式已较少采用;另一类加工方式为曲木弯制方法,常用的有实木弯曲和薄木胶合弯曲两种加工方法。

实木弯曲,就是将木材进行水热软化处理后,在弯曲力矩作用下,将实木弯曲成所需要的形状加以固定,然后干燥定型。采用实木弯曲的方法制作曲木,对树种和材质等级的要求较高,因此有一定的局限性。近年来已逐渐被胶合弯曲工艺所替代——即薄木胶合弯曲。

薄木胶合弯曲,该工艺是将一叠涂过胶的旋制薄木,先制成板坯,在其表面再胶合纹理美观的刨制薄木,然后在压模中加压弯曲成型。这种加工工艺具有工艺简便、加工曲率小、木材利用率高和能提高工效等优点,主要可用于各类椅子、沙发、茶几和桌子等的弯曲部件和支架。

人造板的产生大大提高了木材的利用率,并且有幅面大、质地均匀、变形小、强度大、便于二次加工等优点,是制造家具的重要材料。人造板的种类很多,最常见的有胶合板、刨花板、纤维板、细木工板等。

胶合板:用三层或三层以上的奇数单板,纵横交叉胶合而成。各单板之间的纤维方向互相垂直,最上一层面层的板材常采用优质树种的薄木。胶合板的特点是幅面大而平整,不易干裂和翘曲,并且有较好饰面效果。适用于家具的大面积板状部件。常用胶合板的规格为:915mm×1830mm 和 1220mm×2440mm

刨花板:利用木材采伐和加工过程中的废料、小杂木或植物的秸秆,经切削成碎片,加胶热压制成。刨花板具有一定的厚度,常用有 13、16、19、22mm 多种,幅面尺寸一般与胶合板相同,常用有 915mm×1830mm、1220mm×2440mm、1220mm×1830mm 几种。刨花板幅面大而平整,有一定的强度,但不宜开榫和钉接,表面经粘贴单板或其他饰面材料,可作为家具用材,但其周边应镶实木或与板面相应的封边材。

纤维板(中密度纤维板):利用木材采伐和加工过程中的废料和其他禾木植物秸秆为原料,经过切削、制浆、热压成型、干燥而制成。根据其密度的不同可分为硬质、半硬质和软质三种纤维板。在家具用材中多为硬质纤维板,它具有质地坚硬、表面平整、不易胀缩和开裂的优点,广泛应用于柜类家具的背板、顶底板、抽屉板及其他衬里的板状部件。有一定厚度的中密度纤维板,其厚度为 18、20、22mm,常作为板式家具的基本部件用材。

细木工板:是利用木材加工的零星小料,切割成一定规格的小木条,排列胶合成板芯,二面再胶合夹板或其他饰面板材。细木工板有一定的厚度,一般为 20、22、25mm,具有强度大、表面平整、不易变形、着钉性能好等优点,多用于中、高级家具的制造,幅面尺寸同胶合板尺寸。

二、金属

在家具设计、制作中,经常出现钢木家具或金属与其他材料组成的复合家具,常用的金属材料为钢材、铝合金和铸铁三大类。

(一)钢材

用于家具制作的钢材多为碳素钢,以钢板、钢管为主。

钢板:主要是采用厚度在 0.2~4mm 之间的热轧(或冷轧)薄钢板,其宽度在 500~1400mm 之间,成卷筒状,长度按加工需要进行裁切。各板件按图纸加工、折边、除锈处理,经静电粉末喷涂烘烤后,装配成型,这是目前办公家具用得较多的全钢制品。另外用塑料与薄钢板复合制成塑料复合钢板,具有防腐、防锈、不需涂饰等优点,同样可用于钢家具的制作。

钢管:一般主要用作家具的结构及其支架,可分为方钢管、圆钢管和异形钢管三大类,用厚度 1.2~1.5mm 的带钢经冷轧高频焊接制成,其断面形状及规格见表 3-1。

用于制作家具的钢管断面形状及规格　　　表 3-1

名　称	圆　管	正方管	长方管	三角管	扁线管
断面形状	○	□	▭	△	○
常用规格(mm)	φ13;φ16 φ19;φ25 φ22;φ32 φ38	25×25 22×22	23×12	34×34×52	φ22 φ25

另外,用于家具制造的钢材还有圆钢、扁钢及角钢等,根据家具设计的造型选用。

(二)铝合金材

铝合金材的特点是重量轻,有足够的强度,加工方便。由铝锰或铝镁系列组成的铝合金具有较好的防腐性及表面加工性能,通常经压力加工成各种管材、型材等半成品供应,常被用来制作家具的框架和装饰件,如商店货柜、陈列架等。

(三)铸铁

铸铁主要用于家具中的生铁铸件。由于它的铸造性能优于钢材,价格低廉、重量大,强度高,常用来作家具的底座和支架,如医疗及理发用的坐椅底座、剧场及会场坐椅的支架等。

三、塑料

塑料是近年来发展迅速的一种新型材料,实际上是由合成树脂制成的材料,根据其化学构造性质,可分为热硬化性树脂和热可塑性树脂两种基本形态。它具有质轻、强度高、加工成型简便、色彩鲜艳等特点,并有较好耐腐、耐磨性能。但塑料也有其不足之处,最大的缺点是在日光、大气、长期应力或某些介质作用下,会发生老化现象,出现逐渐氧化、褪色、开裂、强度下降等。因此正式作为家具用材,应尽量克服上述这些缺点,科技人员通过共聚、共混等化学和物理手段进行改性处理,另外也可用玻璃纤维给予增强。

家具常用塑料种类与性能:

ABS 树脂:是由丙烯腈—丁二烯—苯乙烯三种物质混合而成(ACRYLONITRILE、BUTADIENE、STYRENE)以低发泡的方式制成"合成木材",具有质轻、强韧、耐水、耐热、阻燃及不收缩变形等优点,并可锯、可刨,易于加工,是目前制作家具中广泛采用的材料。

聚氯乙烯树脂(POLYVINYL CHLORIDE,通称 PVC):塑料中产量最多的一种。根据使用要求的不同,其产品有硬质和软质两种,材质具有良好绝缘性和耐腐性,但耐燃性差,燃烧时并有有害气体产生。

聚乙烯树脂(POLYETHYLENE,通称 PE):是日常生活中最常见的塑料,以低发泡的方式制成"合成木材"。

丙烯酸树脂(ACRYLIC RESINS):通常称为压克力树脂。主要特点是无色透明、强韧、耐腐和耐候性好,适于制作家具的透明用材。

发泡塑料(PLASTIC FOAM)：原则上大部分的塑料都可制成发泡塑料，和家具有关的有聚胺酯制成的软质发泡塑料。它可用于制作床垫、枕头、沙发软垫等，另外可制作合成木材的有苯乙烯树脂、ABS树脂、聚乙烯树脂和硬化型丙烯树脂等。

四、竹材

我国盛产竹材，主要分布于长江流域以南地区，由于竹材具有的特定性能，制成的家具在我国南方被广泛使用。

竹材质地坚硬，具有优良的力学性能，抗拉、抗压强度都比木材好，富有韧性和弹性，特别是抗弯能力强，不易折断。但随之而产生的缺点是刚性差，竹材在高温下质地变软，易弯曲成形，温度遽降后可使弯变定形，为竹家具的制作带来便利。竹材另一特性是表面可劈制竹篾，劈成的竹篾具有刚柔的特性，它可用来绑扎和编织大面积的席面，并且具有光滑凉爽的质感。

由于竹材的品种繁多，性能不一，在制作家具时要根据竹材的特性选择使用。竹家具骨架用材，要求质地坚硬，力学性能优良，挺直不弯，并有一定的粗细，一般圆径在30～40mm。劈篾编织用竹要求质地坚韧、柔软、竹节较长、节部隆起不高的中粗竹材。制作家具用的竹材还必须进行防蛀、防腐、防裂等特殊处理。

五、藤材

由于藤材的自然属性、温柔的色彩和质感、质轻和优美的造型，藤制家具被广泛地应用于现代家庭。

藤材的藤心和藤皮都可作为家具的制作材料，藤皮的纤维特别光滑细密，韧性及抗拉强度大，在浸水饱含水分状态下变得特别柔软，干燥后又能恢复原有的坚韧特性，因此用藤皮绑扎和编织面材，加工方便而又特别坚实有力，富有弹性。

在家具制作中，藤皮常与竹、木、金属材料结合使用，用藤皮缠扎骨架的节结着力部位，或在板面穿条编织座面、靠背面、床面等。藤心主要作为骨架材料使用，由于心材较细，常将多根藤心材用藤皮缠扎而成。

六、辅助材料

在家具制造中，除了上述主要材料外，还必须使用其他的辅助材料才能完善家具的制作成型。常用的辅助材料有胶料、五金件、玻璃、皮革、纺织品等，其中与家具结构有关的主要是胶料及五金件。

(一)胶料

主要用于木结构家具中，在榫结合和胶合、拼板等工艺中，都要使用胶料。胶接的好坏会影响到家具的强度和使用寿命，因此合理使用胶料是保证产品质量的重要条件。

胶料种类很多，主要分为蛋白胶和合成树脂胶两大类。在家具制作中应用的蛋白胶多为动物胶，如骨胶、皮胶等，它们的特点是热溶性胶，冷却后即变干硬，粘接强度很高，但其耐水性差，遇水后会产生水溶现象，强度降低。如能在制作中与甲醛溶液配合使用，将能克服其溶水缺点。

近年来合成树脂胶已普遍替代动物蛋白胶，因为蛋白胶必须加热溶化才能涂抹，制作不便，并有臭味，而合成树脂胶是常温液态胶，涂抹制作方便。合成树脂胶种类也较多，常用有酚醛树脂胶、尿醛树脂胶、聚醋酸乙烯树脂胶(俗称乳白胶)，这类树脂胶固化时间较长，在胶合和拼合工艺中，必须较长时间的加压固定，才能达到一定的胶合强度。乙烯-醋酸乙烯共聚树脂胶是无溶剂的常温固化胶合剂，具有冷固胶合速度快的特点，因此近年来应用较广。

(二)五金件

在家具装配结构上,五金件是不可缺少的辅助材料。我国家具与国际先进家具的差距除了设计水平和制作工艺外,五金件的设计和制作质量也是一个重要因素,它关系到家具安装的方便和家具使用的轻便和耐久。五金件的种类很多,主要可分为连接件、紧固件、拉手及其他小零件等。

1．连接件:主要用于家具部件的装配连接,有的具有多次拆装性能的特点。

铰链:是柜门与柜体装配连接的五金件,它以固定的轴向活动使柜门可以开启和关闭。按家具设计及其构造不同,铰链可分为普通铰链、长形铰链、脱卸铰链、门头铰链、暗铰链和翻板铰链等。

螺栓式连接件:由螺钉与各种形式的螺母配合连接,主要用于板式家具的连接,形式丰富多样。

偏心式连接件:由偏心锁片与吊杆锁紧的连接,专用于刨花板部件之间的装配连接。

楔形式连接件:以偶合的形式挂扣连接,多用于拆装、悬挂、组合等形式的家具。

2．紧固件:利用钉接材料将家具零部件紧固连接。常用钉接材料有螺钉、木螺钉、自攻螺钉、圆钢钉、泡钉、骑马钉、拼钉等。

3．附加件:拉手是小五金中的主要附加件,其样式和种类繁多,主要用于柜门和抽屉,人们可以使用拉手进行开、闭、推、拉、移等活动。制造拉手的材料除金属外还有硬木和塑料。

其他附加五金件还有各种插销、搁板插座、碰珠、锁、滚轮、滑槽及各种五金装饰件。

第二节 家具结构类型及连接方式

家具结构如人体骨骼系统那样,要承受外力并将外力和自重通过一定的结构形式传递到地面。因此家具结构必须是传力合理、坚固耐用,又经济省材,它的形式由材料和家具造型决定。一个优秀的家具设计,必须是功能、造型和合理构造的完美统一。现将常见的家具结构类型分述如下:

一、框架结构

框架结构是木制家具中的主要结构型式,它以榫结合为连接方式,类似中国古建筑木构架梁柱结构那样,传递荷载清晰合理。中国传统家具的结构全都是框架结构,并以榫结合连接为主要特征。

榫结合是将榫头涂胶后压入榫眼内的连接方式,整体结合强度高。榫的名称和结合类型如下(图3-2～图3-8):

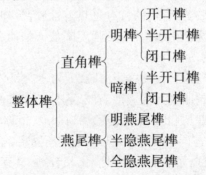

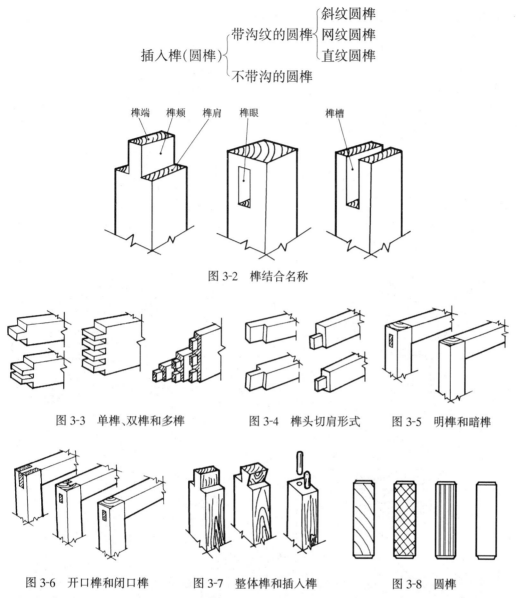

图 3-2 榫结合名称

图 3-3 单榫、双榫和多榫　　图 3-4 榫头切肩形式　　图 3-5 明榫和暗榫

图 3-6 开口榫和闭口榫　　图 3-7 整体榫和插入榫　　图 3-8 圆榫

一般框架的方材结合常采用单榫和双榫,而箱框板材的角接合则多采用多榫或燕尾榫,如柜体、木箱、抽屉等。中国传统家具的榫接形式多样而复杂,如图 3-9 所示。

二、板式结构

家具由板状部件连接构成,并由板状部件承受荷载及传递荷重。在这种结构中由于简化了结构和加工工艺,有利于机械化和自动化生产而被广泛应用。

板式家具的结构应分为板部件本身的结构和板部件之间的连接结构。

(一) 板结构

板式家具的主要部件都以板的形式出现。因此,板的制作是主要生产工艺,对板部件的基本要求,首先是能承受一定的荷重,板部件要有一定的厚度,同时在装置各种板件连接件时不影响板部件自身的强度,其次为保证家具的连接质量和美观,要求板部件平整、不变形、板边光洁。

目前板部件大多采用人造板制作,一般板厚为 18~25mm,如细木工板、中密度纤维板、复面空心板等。不同的板材,板边需有相宜的封边材料封边,如塑料封边、薄木封边、榫接封边、金属嵌条封边等(图 3-10～3-11)。

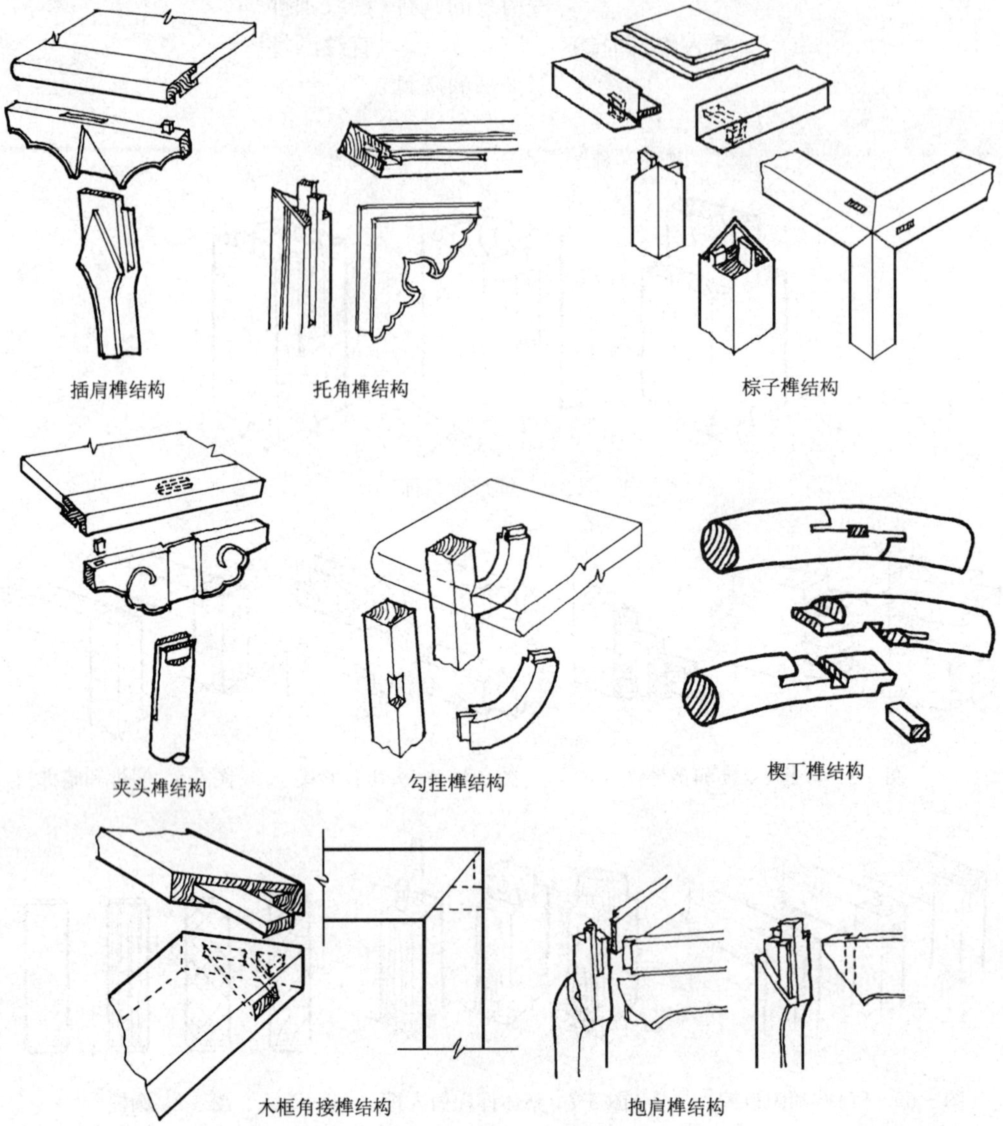

插肩榫结构　　托角榫结构　　棕子榫结构

夹头榫结构　　勾挂榫结构　　楔丁榫结构

木框角接榫结构　　抱肩榫结构

图 3-9　中国传统家具常用框架榫结合

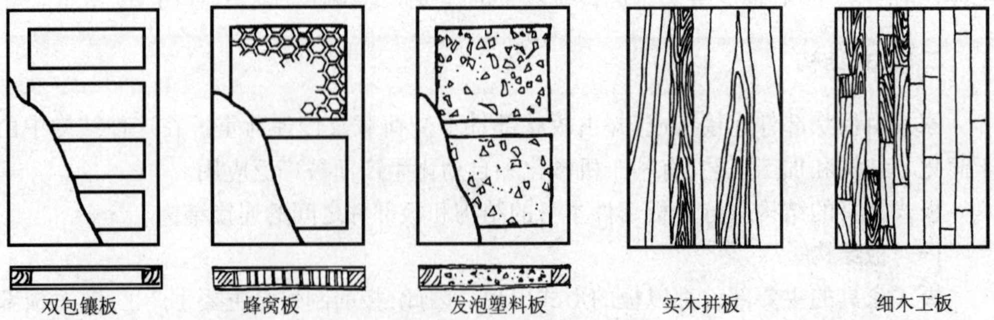

双包镶板　蜂窝板　发泡塑料板　实木拼板　细木工板

图 3-10　板部件构造

(二)板的连接结构

板部件之间的连接,依靠紧固件或连接件,采用固定或拆装的连接方式,板件之间连接必须具有足够的强度而使家具不产生摇摆、变形,保证门、抽屉等的正常开启使用。具体的连接方式如图 3-12 所示。

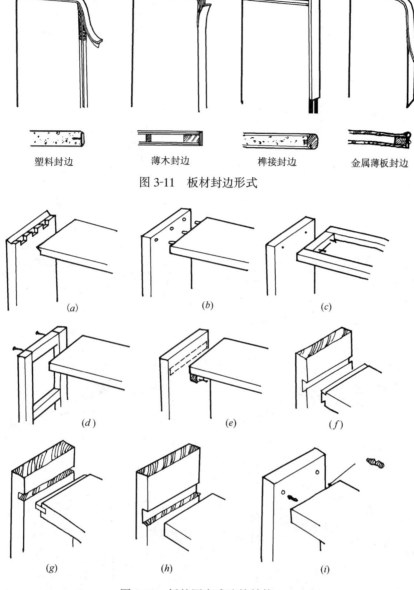

图 3-11 板材封边形式

塑料封边　薄木封边　榫接封边　金属薄板封边

图 3-12 板的固定式连接结构
(a)暗燕尾榫结合；(b)圆梢插入榫结合；(c)内侧螺钉结合；
(d)外侧螺钉结合；(e)替木螺钉结合；(f)隔板燕尾槽榫结合；
(g)隔板木条结合；(h)隔板直角槽榫结合；(i)隔板尼龙倒刺螺钉结合

三、拆装结构

家具各零部件之间的结合采用连接件来完成，并根据运输的便利和某种功能的需要，家具可进行多次拆卸和安装，这在框架结构和板式结构的家具中多有拆装结构形式存在，特别以板式家具为多。

为了保证拆装式家具的拆装灵活性和牢固性，要求部件加工和连接件加工十分精确，并且具有足够的锚固强度。连接的方式主要有以下三种。

1. 框角连接件(图 3-13～图 3-14)。
2. 插接连接件(图 3-15)。
3. 插挂连接件(图 3-16)。

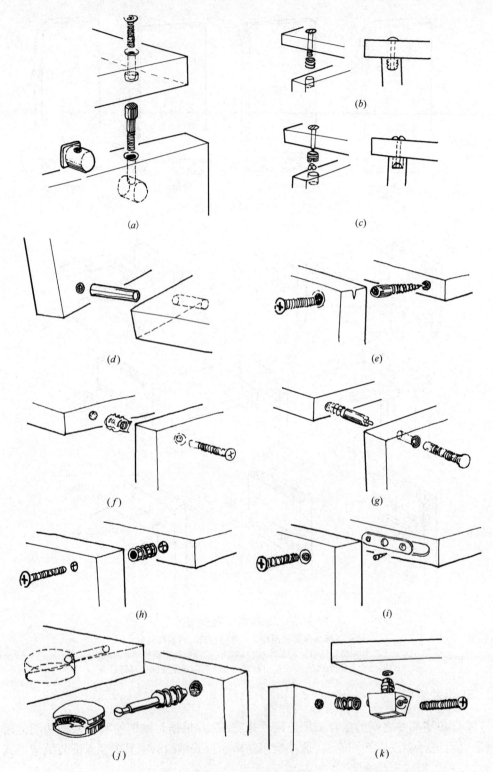

图 3-13 五金件连接结合
(a)定位对接式连接;(b)尼龙倒刺连接;(c)塑料胀管连接;(d)圆榫梢连接;(e)空心螺钉连接;
(f)抓齿式连接;(g)涨开式连接;(h)叶片式连接;(i)三眼板连接;(j)偏心连接;(k)塞角式连接

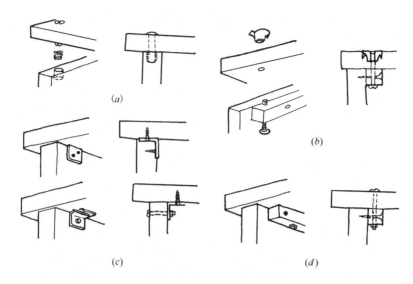

图 3-14　其他连接方式

(a)钢丝螺母连接；(b)T字形栓连接；(c)角钢连接；(d)木条连接

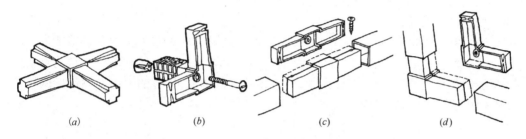

图 3-15　插接连接件

(a)平四向插接；(b)金属插接头与塑料插接头连接；(c)直线双向插接；(d)直角二向插接

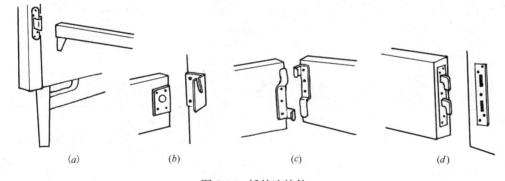

图 3-16　插挂连接件

(a)、(b)床用插入连接；(c)楔形插挂连接；(d)暗插挂连接

四、折叠结构

折叠式家具常见于桌、椅、床类。主要特点是家具折叠后占用的空间小，便于贮藏，另外也便于运输、携带，适用于经常需要变换使用功能的场所，如餐厅、会场等，也适用于小面积住宅，以节约使用空间。

(一)折叠式家具

有金属制和木制的折叠家具，其关键是结构部件之结合点是可转动的，一般用铆钉结合或螺栓结合。

折动结构一般都有两条和多条折动连接线，在每条折动线上可设置多个折动点，但必须使一个家具中一根折动线中折动点之间的距离之和与另一折动线中折动点距离之和相等,这样才能使家具折得动,合得拢(图3-17)。

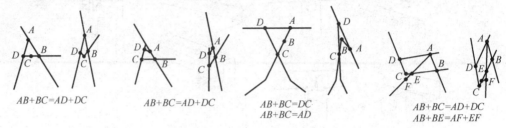

$AB+BC=AD+DC$ $AB+BC=AD+DC$ $AB+BC=DC$ $AB+BC=AD$ $AB+BC=AD+DC$ $AB+BE=AF+EF$

图3-17　折叠家具折动点示意

(二)叠积式家具

叠积式家具从家具自身来说与普通家具结构没有多大区别,但它在自身叠积中必须考虑到整体结构形式。如一般家具是不太可能采用叠积方式贮存的,只有在设计时考虑了叠积结构才能使家具叠积存放。通过叠积,节约了占地面积,也方便了搬运。叠积式家具以柜架和轻便坐椅为多,椅子造型设计一般是梯形,椅腿部分空间为下大上小,椅子下部不允许有连接的杆件(图3-18)。

(三)调节式家具

纯功能性的折动家具的某些部件,以达到人体使用的最佳状态,这是调节式家具的特点,是现代家具结合人体工学而研制的新型家具。许多零部件利用可变动的五金件和机械操作原理,变动其位置和高度,如椅座的高低调节,椅背的上下与倾斜度的调节(图3-19),床面的折起等等。

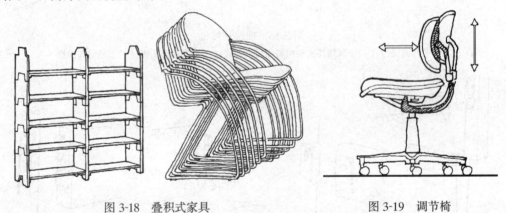

图3-18　叠积式家具　　　　图3-19　调节椅

五、薄壳结构

随着塑料、玻璃钢、多层薄木胶合等新材料和新工艺的迅速发展,出现了热压或热塑的薄壁成型结构(图3-20)。它按人体坐姿模式制成坐面和椅背连体的薄壳结构,固定于支架上,构成各类椅子,也可用塑料连支架与椅座、椅背面一起压铸成型。这类家具主要特点是质轻,便于搬动,甚至可做成叠积结构,适于贮藏。另外由于是模压成型,造型生动流畅,色彩夺目,是创造室内环境的有效造型因素。

六、充气结构

充气家具是以具有一定形状的橡塑胶气囊加以充气而成(图3-21),它有一定的承载能力,便于携带与收藏,主要适用于旅游家具,制作各种轻便的沙发椅、旅行用桌等。

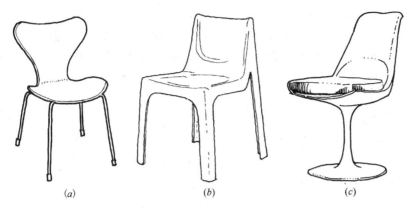

图 3-20 薄壳结构家具
(a)层压板热压成型;(b)塑料热压成型;(c)玻璃钢成型

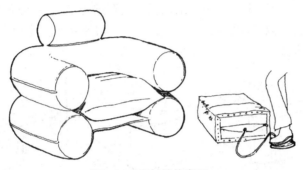

图 3-21 充气结构家具

七、整体注塑结构

以塑料为原料,在定型的模具中进行发泡处理,脱模后成为具有承托人体和支撑结构合二为一的整体形家具(图 3-22)。一般表面需用织物包衬,造型雕塑感强,它可以设计成配套的组合部件块,进行各种组合,适用于不同的使用方式。

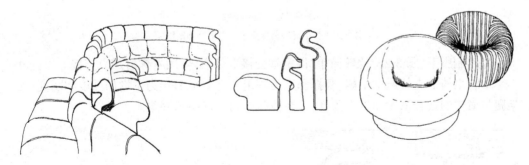

图 3-22 整体注塑结构家具

第三节 常用家具部件构造

一、支架构造

一般指支撑和传递上部荷载的骨架,如柜类家具中的脚架,桌、椅类家具中的支架等。柜类家具的脚架,常见的主要有露脚结构和包脚结构;从材料的制作上可分有木制和金属制两种。

露脚结构(图3-23)：木制的露脚结构,属于框架结构形式,常采用闭口或半闭口直角榫结合。通常脚与脚之间有横撑相互连接,以加强刚度,脚架与上部柜体用木螺钉或金属连接件连接。

图3-23 露脚脚架

包脚结构(图3-24)：木制的包脚结构属于箱框结构形式,一般采用半夹角叠接和夹角叠接的框角结合。内角用塞角或方木条加固,也可采用前角全隐燕尾榫,后角半隐燕尾榫的箱框接合方式。

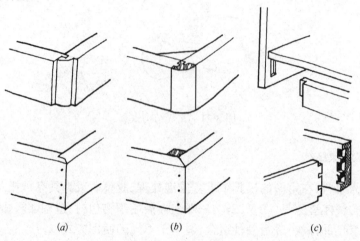

图3-24 包脚脚架
(a)半夹角叠接；(b)夹角叠接；(c)半隐燕尾榫

金属制脚架(图3-25)比较简单,以钢管套接上部载体,用木螺钉加以连接。

木制桌椅的支架通常由腿、横撑和塞角等组成(图3-26)。为了增加强度和刚度,支架腿与横撑的接合采用闭口直角榫,并在椅腿内角处加塞角固定。

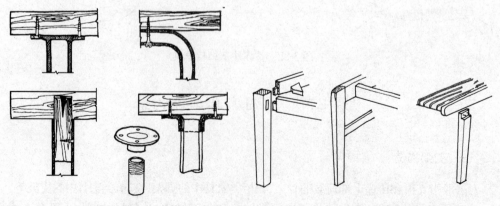

图3-25 金属制脚架　　图3-26 桌椅腿直角榫支架

金属制椅支架(图 3-27),由于材料及制作工艺造型的变化,常以金属管件的弯曲、焊接或铆接,使支架构成完整的支撑体系。另有椅腿装有滑轮,支架可旋转升降的工作椅,其支架部分比较复杂,因升降的方式有气压式和液压式,须由专业设计人员配合设计。

图 3-27 金属制椅支架
(a)焊接结构支架;(b)铸铁结构支架;(c)扁铁组合支架;
(d)单柱椅支架;(e)单管椅支架;(f)三管组合椅支架

二、面板结构

主要指家具可承托物件的部分以及家具外部板面,如桌面、椅面、柜面及板式家具的各部件等。木制家具的板面可分为实木板和空心板及其他复合材料。

实木板:由于单板本身面幅尺寸的限制及从节约木材角度出发,常用小板拼接的方式制成较大的面板使用。小块木板的宽度应有所限制,以避免板的收缩和翘曲。一般工厂制作的拼板都经过定型处理。

空心板结构:用于板式家具柜架的各个部件。空心板结构是以木框架为结构主体,内填各种不同结构的不同材料,上下表面复贴三夹板,四周用相应材料封边而成。由于空心板重量轻、幅面大、节约木材、形状稳定、表面美观,而得到广泛的应用。

椅面结构:在面板结构中属比较特殊的结构,它往往不是一种简单的平整面,从其制作材料到构造方式,形式多种多样。总体上可分为厚薄两种类型:一为厚型椅面,制作材料一般是多种复合型的,俗称软垫,多用于沙发和沙发椅;二为薄型椅面,用材单一,但种类较多,常用于椅、凳、床面。

厚型椅面(图 3-28):一般由底层绷带、中间弹簧、上部泡沫海绵(塑料)、外包面料复合组成。

目前也有直接在结构底板上铺设高密度的厚发泡海绵,外包面料构成,简化了制作工艺,降低了成本。

薄型椅面(图 3-29):有板状面、藤面、绳面、布面、皮革面等。板状面中可分为木板面、胶合板面和塑料板面,其中胶合板面和塑料板面的构造较简单,坐面整体式与下部支架用螺钉连接。木板面有简单和复杂的两种。简单的木板面也是以整体形式与下部木支架用螺钉连接,而复杂的木板面是木框镶板以榫接合与下部支架连接。

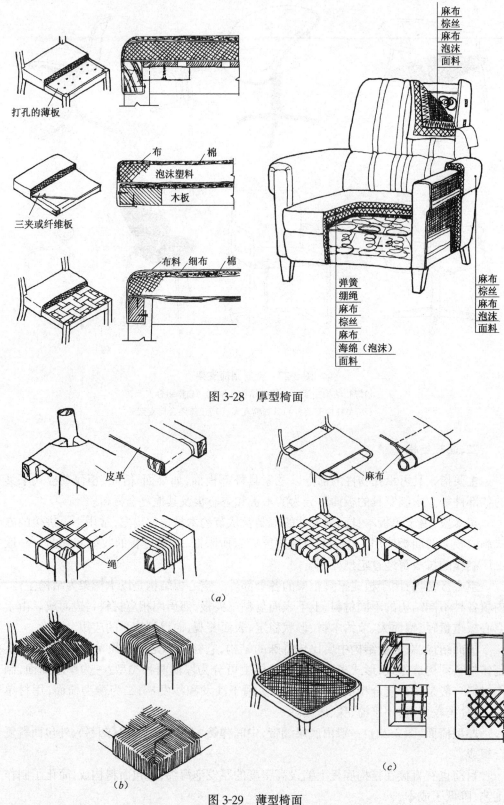

图 3-28　厚型椅面

图 3-29　薄型椅面
(a)皮革或帆布绷带;(b)棕绳或草编织;(c)藤面穿孔编织

三、抽屉结构

抽屉是柜类家具中的重要部件,它要经受使用时的反复抽拉而不致结构松动,具有一定的结构牢度。同时抽屉存放物品,具有一定的承重能力。抽拉要轻便,具有高度的灵活性。

抽屉一般由屉面板、屉旁板、屉后板及底板构成。通常抽屉的结构是框角榫结合结构,屉旁板与屉后板的结合常用直角开口多榫或明燕尾榫。屉旁板与屉面板的结合主要有半隐燕尾榫、直榫、圆钉接合等(图 3-30、图 3-31)。

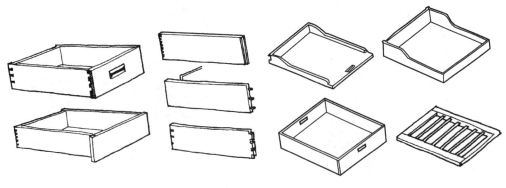

图 3-30　抽屉结构　　　　　　　　图 3-31　抽屉类型

抽屉抽拉滑道方式多样(图 3-32),可根据抽拉的机械性能选择结构方式。木制滑道一般选用硬木为宜。抽屉拉手如图 3-33 所示。

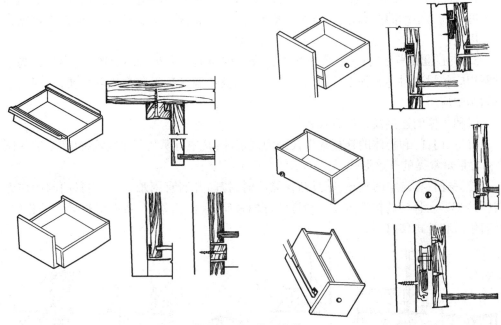

图 3-32　抽屉滑道

四、柜门结构

门也是柜式家具的主要部件,它的品种、形式很多,有实板门、镶板门、空心平板门、玻璃门、百叶门等。从其开启形式分有拉门、翻板门、平移门、卷门、折门等。

1. 实板门:一般将数块木板拼接在一起,为防止门板的翘曲,在板后部采用穿带的

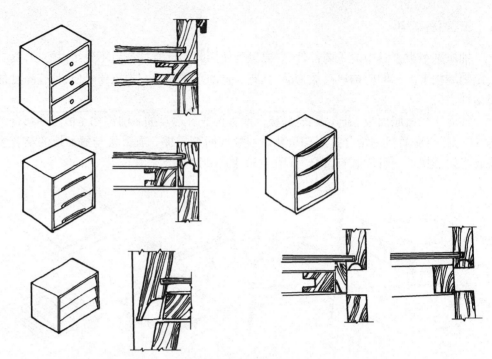

图 3-33 抽屉拉手

拼接方式。由于此类门的两端都是木材的横断面,不易加工平整,涂装质量不好,并且用材也不够节约,目前极少使用。

2. 镶板门:是在榫结合的框架中镶以薄木板。此类柜门造型变化较多,在木框加工中可以制作精细的细脚,周边都可形成刨光的平面,因此美观光洁,一般在古典家具中应用较广。

3. 空心覆面平板门:一般由细木工板及各种覆面空心板和多层胶合板制成,周边粘贴相应的封边料。这种平板门由于生产工艺及油漆涂装工艺都比较简便,在现代家具制作中应用最广。

门和柜体的连接及开启方式有:

(1)拉门:门和柜体的连接都以铰链为连接件,其中有明装和暗装两种(图3-34~图3-36),是最常见的开启形式。

(2)移门:有时空间较小,家具布置紧凑时,拉门开启有困难,可采用移门的制作方式(图3-37)。移门的构造方式有滑道的榫槽移门、单滑道移门、带有滑轮导轨的移门、玻璃移门和折式移门等。

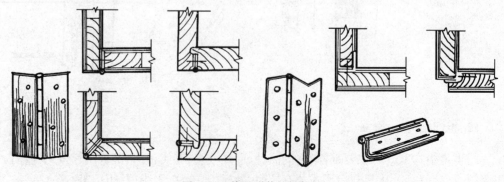

图 3-34 普通明装铰链拉门

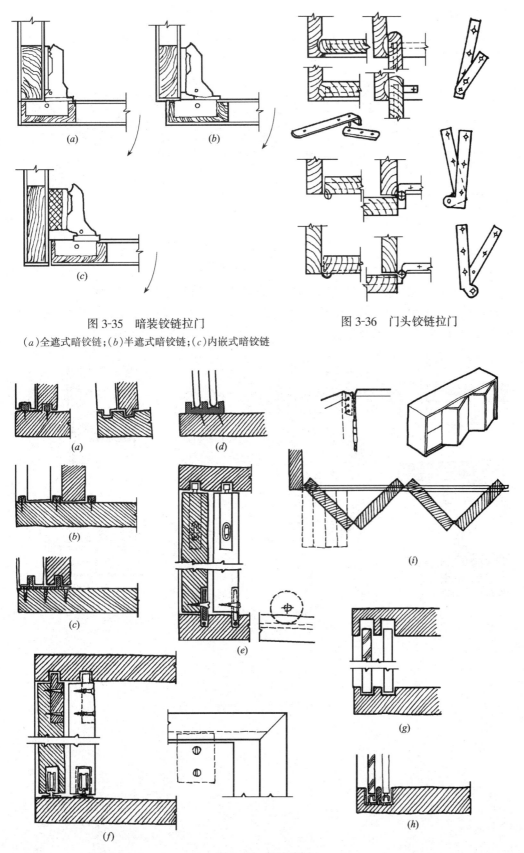

图 3-35 暗装铰链拉门
(a)全遮式暗铰链;(b)半遮式暗铰链;(c)内嵌式暗铰链

图 3-36 门头铰链拉门

图 3-37 各种移门
(a)有滑道槽榫移门;(b)有滑道无榫头移门;(c)金属滑轨移门;(d)塑料或金属移门;
(e)滑轮移门;(f)滑轮移门;(g)拆装移门;(h)金属滑轮轨道移门;(i)折式移门

(3)卷门:属于移门的特殊种类,主要适用于要求开启面积大的柜类家具。一般移门只能开启柜面的一半,而卷门可左右或上下移动,将门藏至柜体的另一面,使用方便,但结构较复杂(图 3-38)。

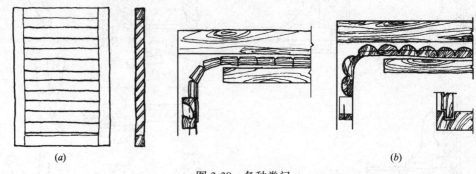

图 3-38　各种卷门
(a)百叶门;(b)百叶卷门

(4)翻门:是组合家具中常见的门的开启方式。它靠铰链和拉杆与柜体连接,一般是将门翻下开启至水平,可当桌面使用。也可将门由下向上翻起,通过滑槽将门推进柜体内,此时柜体变成开敞的空格柜,外界没有任何阻碍,使用十分方便(图 3-39)。

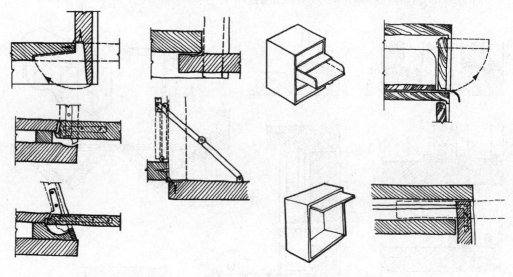

图 3-39　各式翻门

第四章　家具设计的造型法则

第一节　家具造型意义

自然界中万物生长都按其遗传特性及自然规律进行造物活动,每一种物都具有形,物与形是不可分离的。自从人类与动物区分的时代开始,人类社会就进入一个造物的时代。我们的祖先为生活制造了最简单的生产工具,利用树叶和兽皮制成了最初的衣服。如此发展至今,随着科学技术的进步,人类进入了可以上天入地的时代,可以说人类创造了无穷无尽的物品和产品,但从本质上来讲,仍然离不开造物这一基本含义。在造物工作中包含着造型,即指创造出来的物体形象,是看得见、摸得着的。人类最初的造型形象是由物质材料及其基本的功效产生的,在此基础上,提炼出物的形象,经过长期生产造物过程,总结出物象形成的基本规律,也即"造型"的美学法则,也是人类爱美和审美心理的根本反映。因此在造物过程中,形的成型既有自身的法则,同时也离不开物质材料特性和物的基本使用功能,这就是造型的基本含义。简单讲"造型"即创造物体形象。

一、家具造型意义

家具是一种有物质功能与精神功能的工业产品,在满足日常生活使用功能的同时,又具有满足人们审美心理需求和营造环境气氛的作用。另外家具又是一种通过市场进行流通的商品,它的实用性与外观形象直接影响到人们的购买行为。而造型能最直觉地传递美的信息,通过视觉信息,对形体的感觉,激发人们愉快的情感,使人们得到美的享受,从而产生购买欲望。因此家具造型设计在商品流通的环节上成为至关重要的因素。一件好家具,应该是在造型设计的统领下,将构成材料及其使用功能完美统一结合的结果。

二、家具设计中三大要素的关系

(一)功能

家具作为人类生活和活动不可缺少的生活器具,它的实用性是第一位的,如果使用功能不合理,造型再美,也是不能使用,只能当作陈设品。但家具又有艺术性的功能,因此单有功能合理而缺乏艺术美的家具只能作为器具使用。在家具设计中,大量的形式美是通过功能的合理性而提炼出来的。如优美的坐椅的造型,是根据人体坐姿确定其坐椅的尺度、倾斜角度及椅背的曲面形式。因此形式美中包含有功能合理美的因素。这里涉及到功能与形式的辩证关系。形式由功能而生但又高于功能,在保证功能前提下,运用造型规律,使功能在美的形式中得到体现。而新的功能必须以新的形式来体现。

(二)材料与结构

材料与结构是家具构成的物质技术基础,同时也是造型设计的物质技术基础。各种不同材料由于其理化性能不同,因此成型方法、结合形式及材料尺寸形状都不相同,由此而产生的造型也决然不同,如木制家具的稳重舒适,钢制家具的轻便、通透,塑料家具的光滑、艳丽等等。

设计者必须了解材料的性能及其加工工艺,才能充分利用材料的特性,创造出既新颖而又合理的家具造型。特别当一种新材料的出现,我们必须研制新的加工工艺和新的结构形式,然后一种崭新形式的家具也就出现了,如玻璃钢、塑料等新颖材料在家具中的应用,就出现了壳体结构式的轻型家具;塑料的浇注工艺或发泡工艺,产生了整体式浇注型的沙发等等。

(三)造型

家具造型是将家具功能和材料结构,通过运用一定的艺术造型法则,构成的家具形体完美统一起来的过程。在这一过程中,功能是目的,材料和结构是达到目的的手段,而造型是位于二者之上的综合体。

第二节 造型要素在家具设计中的应用

一切艺术形态都是通过造型要素点、线、面、体、色彩、质感而构成。家具造型也不例外,它要通过各种不同的形状、不同的体量、不同质感和不同的色彩来取得造型设计的表现力,因此造型要素是学习造型设计必须掌握的设计基础知识。

一、点

"点"是形态构成中最基本的构成单位。在几何学里,点是理性概念形态,没有大小,只有位置。而在造型设计中,点是有大小、形状,甚至有体积。它无法用量来规定多大面积、什么形状才能称点,我们只能按它与对照物之比的相对概念来确定。凡相对于整体和背景之比较小的形体都可称之为点。同样大小的点,在大背景下作为点,而在小背景下就可能作为面的形态出现。作为点的概念,即使是立体的物件,在相对条件下,也可形成点的形态(图4-1)。

"点"的理想形状是圆形的。如一滴墨水滴在纸上呈圆形,但在上述概念的理解下,点的形状不受限制,它可以是圆形,也可以是椭圆形、三角形、长方形、正方形、星形、不规则形等(图4-2)。在家具造型中,柜门、抽屉上的拉手、锁孔、沙发软垫上的装饰包扣、沙发椅上的泡钉,以及家具的小五金装饰件等,相对于整体家具而言,它们都以点的形态特征呈现,具有强烈的装饰效果,是家具造型设计中常用的功能附件。

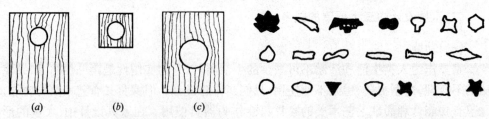

图4-1 点的概念 图4-2 点的形态
(a)背景大,圆具有点的特征;(b)背景小,同样大的圆具有面的特征;(c)同样大的背景,圆大而失去点的特征

"点"的表现是多方面的,如空中或平面上有一个点,我们的注意力就会集中于这个点上。因此当只有一个点时,它具有向心的作用,是力的中心,构成视觉中心。当两个点时,两点之间会产生一种线的感觉,两点有互相吸引的特征,使视觉保持平衡。如两点有大小时,人们的视觉注意力会从大向小移动。当点再多时,就会出现规则或不规则的排列、秩序或韵律感(图4-3~图4-4)。

图 4-3 家具表面上点的应用

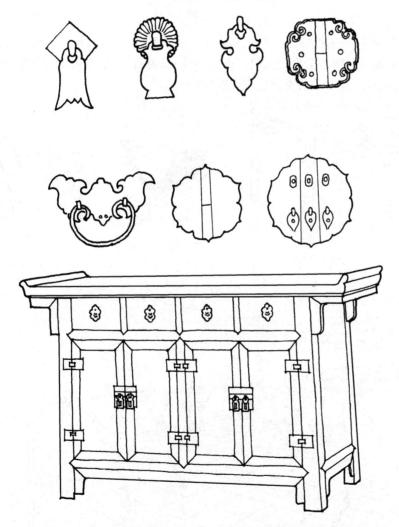

图 4-4 中国传统家具的金属附件作点的装饰

二、线

从几何学的概念,线是点移动的轨迹,由大小"点"移动而成的线也就有粗细或宽窄。与"点"和面的关系一样,线和面的关系也是相对的。如长宽之比相差悬殊的面就可称作线,反之则成面。线又是面的界线或面与面的交界,因此线是构成一切物体轮廓形状的基本要素。

"线"的表现特征主要随线的长度、粗细和运动状态而异。线的形态主要有直线和曲线两大类(图4-5),它们在人们的视觉心理上产生不同的心理感受。如直线一般表示静态,具有刚强有力之感,显示男性美之特征。直线中又分垂直线、水平线、斜线等。垂直线显得挺拔、庄严;水平线显得宽广、安宁;斜线具有方向的动感等。曲线表现一种动态,具有流畅、活泼、轻快之感,显示女性美的特征。

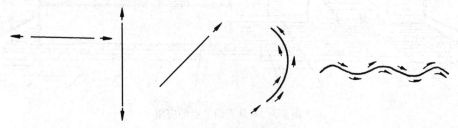

图4-5　直线与曲线

线富于变化,在造型设计中是最富表现力的要素。在家具设计中,线的形态运用到处可见。从家具的整体造型到家具部件的边线;从部件之间缝隙形成的线到装饰的图案线,线是家具造型设计的重要表现形态(图4-6)。

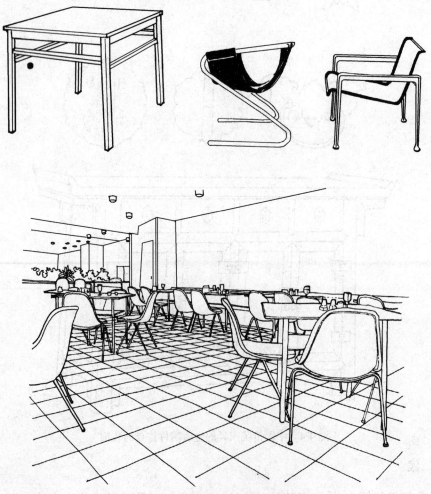

图4-6　线在家具造型中的应用

三、面

"面"是由线的移动轨迹形成,也可由点的密集形成(图 4-7)。按线移动的不同轨迹,可出现不同面的形状。按线的排列和交叉点的密集,也可形成面的感觉。

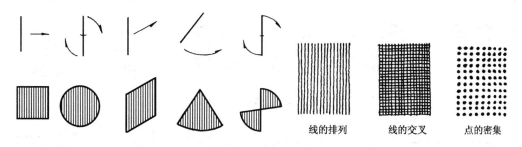

图 4-7 面的形成

"面"可形成平面和曲面两大类。而平面又具有多种形态,它表现为几何形和非几何形两大类。不同形状的平面,具有不同的表现特征。正方形、圆形和正三角形以数学规律构成的完整形态,因此具有稳定、端正的感觉。其他几何形体则显得丰富活泼,具有轻快感。

曲面在空间中可表现为旋转曲面、非旋转曲面和自由曲面。曲面一般给人以温柔的动态感。在家具造型设计中,曲面的出现与其他家具平面和建筑平面形成动人的对比效果。

面是家具造型设计中的重要构成因素。有了面,才能使家具具有实用意义(图4-8)。

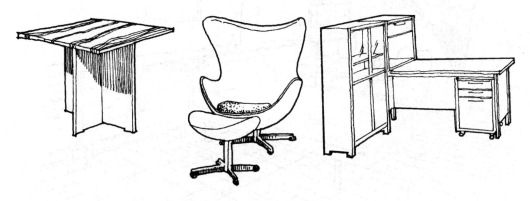

图 4-8 面在家具造型中的应用

四、体

按几何学定义,体是面移动的轨迹。在造型设计中,也可以理解为由点、线、面围成的三度空间或面旋转所构成的空间(图 4-9)。

"体"有几何体和非几何体两大类。几何体有正方体、长方体、圆柱体、圆锥体、三棱锥体、球体等形态,非几何体一般指一切不规则的形体。在家具造型设计中,正方体和长方体是用得最广的形态,如桌、椅、橱柜等。体的构成可以通过线材的空间围合构成,常称为虚体;而由面与面组合或块立体组合而成的立体,则称为实体。虚体和实体给人心理上的感受是不同的。虚体使人感到轻快,具透明感,而实体则给人以重量感,感到稳固,围合性强。体的虚、实处理会给造型设计带来强烈的性格对比。

体在家具造型中的应用如图 4-10 所示。

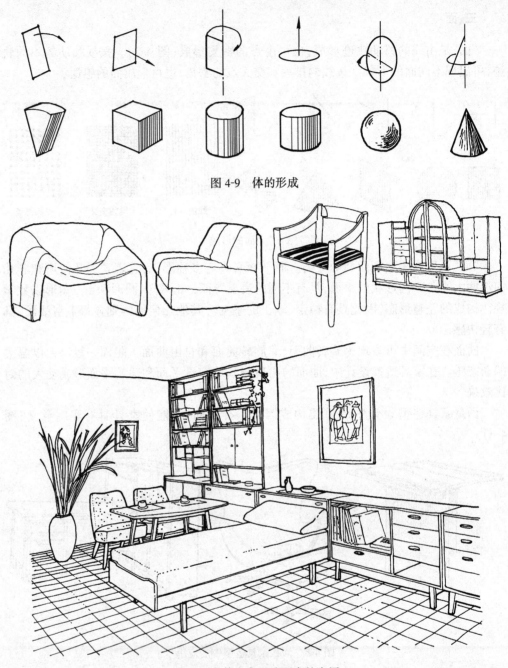

图 4-9 体的形成

图 4-10 体在家具造型中的应用

五、色彩

色彩是家具造型设计构成要素之一。由于色彩本身的视觉因素,具有极强的表现力。

色彩本身不能存在,它必须附着于材料,在光的作用下,才能呈现。如木材本色,皮革和织物的染色等等。从一件完美的家具来看,通过造型、材质、色彩的综合形象,传递着视觉信息,而色彩往往是视觉接受的第一信息,并带有各种不同的情感效果。因此家具的色彩配置及家具与环境之间的色彩配置,显得相当重要。色彩是一门独立的科学知识,它涉及到色彩本身构成的理化科学,人眼接受色彩的视觉生理科学及人脑接受色彩产生情感的心理科学。在家具造型设计中只能对色彩做最基本的叙述。

(一)色彩的基本知识

1. 色彩的形成:物质色彩的产生是由于光照射到物体上,被吸收或反射的结果。我们知道日光是由红、橙、黄、绿、青、蓝、紫等七种不同波长的色光组成。如果一物体的分子结构具有吸收上述光中的六种色光而反射其中某一色光,这物体就呈现该色光的颜色,如果全吸收,就呈黑色,全反射则呈白色。随着物质本身吸收和反射光的各种比例大小,物质就会呈现出各种不同的色彩。

2. 色彩三要素:色相、明度、彩度是色彩的三要素,是色彩学中最基本的知识,也是色彩艺术最本质、最活跃的因素。

色相是各种颜色的相貌。我们常以自然界色彩类似物加以命名,如玫瑰红、桔红、藤黄、土黄、草绿、天蓝、茶褐、象牙白等等。根据颜色相互的关系,科学家研制出色环,更形象地说明了颜色的相互关系。

以红、黄、蓝三原色位于色环的三等分处,并以此标准将色环分成十二等份,红黄之间为橙色(红+黄=橙色),黄蓝之间为绿色(黄+蓝=绿色),红蓝之间为紫色(红+蓝=紫色)。即橙、绿、紫是红、黄、蓝三原色相互调配成的间色,也可称为二次色。在色环上形成轴向对应的补色关系,即红与绿,黄与紫,蓝与橙是相应的补色。然后在原色和间色之间调配,又生成复色,也称三次色。如红与橙之间生成红橙,红与紫之间生成红紫,如此类推,形成闭合的色环(图4-11)。除了上述基本有彩色外,还有黑、白称为无彩色及金、银等金属色。无彩色可以和任何有彩色搭配,取得调和的色彩效果。

图4-11 色环

明度是颜色深浅或明暗的程度,它有两方面的含义:一是表示颜色自身的明暗程度,如在同一颜料中,加入白或黑的颜料,该颜色就出现明暗不同的差别,白颜料加入越多,该颜色就越明亮,如黑颜料加得多则该颜色就显得深暗;其二是指色环颜色相互之间的明暗区别,如红、橙、黄、绿、蓝、紫中,黄色最为明亮,明度最高,而紫色最暗,明度最低。另外颜色受光照的影响,也会出现亮与暗的差别。

彩度是指颜色的鲜明程度,即在色环中的各色,它所含有本色色素的饱和程度。饱和度高的,该色就显得纯正,彩度就高,如饱和度低,即渗有其他的色素,该色本身的色相就显得含混,其彩度就低。

为了满足设计和生产的要求,各种色彩极需有统一的标准度以便于生产和选用。由此科学家根据色彩三要素的特性研制出定性、定量的科学方法,其中最通用的是美国的孟赛尔色彩体系(图4-12)。

孟赛尔色彩体系是以色环立体将色相、明度、彩度三要素形象地显示出来,并可由数码符号方便地确定其色彩的要素特征(图4-13)。

孟氏色立体以明度作为中心轴,将其分为11个等级,自下而上由黑、1、2、3、4、5、6、7、8、9、白为止,其中1至9为由深至浅的灰色(图4-14)。然后由中心轴向外做层层放射状的圆环,圆环也自轴向外分成等级,靠轴的内环为1、依次向外为2、3…圆环的内外表示色彩的彩度,1表示彩度最低(即靠近立轴加入的灰色最多),越向外环表示彩度逐渐升高,其圆环的各个角度的位置则表示不同色相的各种颜色。在孟氏体系的色环中,将色环先分成红、黄、绿、蓝、紫五个主色,再在五个主色之间相互配成五个间色,这样色环上就有红(R)、红黄(YR)、黄(Y)、黄绿(GY)、绿(G)、蓝绿(BG)、蓝(B)、蓝紫

(PB)、紫(P)、红紫(RP)等十种色相的颜色,然后再将每种颜色分成十等份,按1至10编码,中间的5号为该颜色的正确色相。通过上述的设计,在孟氏色立体模型中,就可方便而正确地定出颜色的标号。如5R4/14是标准红色,其中5R为色相,分子4是明度的等级,分母14是彩度的等级。孟氏色立体最外侧的纯色的明度和彩度见表4-1。

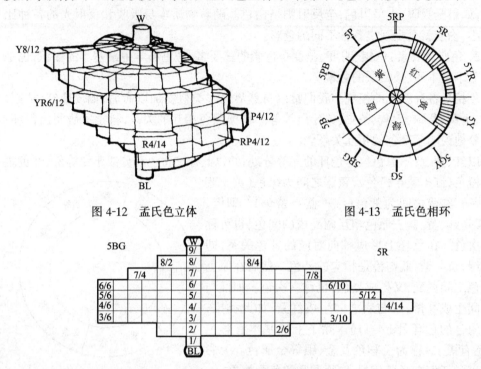

图4-12 孟氏色立体　　　　　　　　　　　图4-13 孟氏色相环

图4-14 孟氏色立体断面图

表4-1

色相＼明度／彩度	2/	3/	4/	5/	6/	7/	8/
5R	6	10	14	12	10	8	4
5YR	2	4	8	10	12	10	4
5Y	2	2	4	6	8	10	12
5GY	2	4	6	8	8	10	8
5G	2	4	4	8	6	6	6
5BG	2	6	6	6	6	4	2
5B	2	6	8	6	6	6	4
5PB	6	12	10	10	8	4	2
5P	6	10	12	10	8	6	4
5RP	6	10	12	10	10	8	6

(二)色彩的感受

色彩的感觉是人的视觉生理机能经过反复的视觉经验而形成的心理感受。如色彩的冷暖感觉、重量感觉、软硬感觉、胀缩感觉、远近感觉等等。

红、橙、黄色有温暖感觉,因为自然界中的太阳、火焰、血液等是呈红、橙、黄色,因此我们将这一类色称为暖色;而天的蓝色和水的绿色则具有寒冷感,统称为冷色。

明度高的色彩使人感到轻快,而明度低的色彩使人感到沉重。

中等明度和中等彩度的色彩显得柔软,而明度低或彩度高的色彩显得坚硬。

暖色和明度高的色彩具有扩胀感,称膨胀色,而冷色和明度低的色彩具有收缩感,称收缩色。

暖色和明度高的色彩会有实际位置前移的感觉,称前进色;而冷色和明度低的色彩会有实际位置后退的感觉,称后退色。

另外色彩在人的情感上会产生强烈的心理效应,如产生兴奋与沉静、活泼与忧郁、华丽与朴素等精神反映。

红、橙、黄等纯色给人以兴奋感,我们称兴奋色;而蓝、绿的纯色给人带来沉静感,称沉静色。同样的颜色,其彩度高的色彩给人以紧张感,有刺激兴奋作用,而彩度低的颜色会给人以安静舒适感,有镇静的作用。

明度高的颜色会使人感到活泼开朗,明度低的颜色使人感到忧郁。

一般彩度、明度高的颜色,显得华丽,而彩度、明度低的颜色显得朴素。金属色和白色属性华丽,而黑色和灰色属性朴素。

(三)色彩在家具上的应用

家具色彩主要体现在木材自身的固有色,保护木材表面的涂饰色,覆面材料的装饰色,金属、塑料所有的工业色及软包家具的织物色。

1．木材固有色:在我们的日常生活中,有相当多的家具是木制的。木材是一种天然材料,它的固有色成了体现天然材质的最好媒介。木材种类繁多,其固有色也就十分丰富,有淡雅,也有深沉,但总体上是呈现暖色调。常用透明的涂饰以保持木材固有色和天然的纹理,具有亲切、温柔、自然高雅的情调,因此被广泛的应用。

2．保护性的涂饰色:木家具大多需要进行保护涂饰。一方面为了避免木材受大气影响,延长其使用寿命;另一方面经涂饰的家具在色彩上起着美化家具和环境的作用。涂饰分两类,一类是透明涂饰;另一类是不透明涂饰。透明涂饰本身又有两种,一种是显露木材的固有色;另一种是经过染色处理,改变木材的固有色,但纹理依然清晰可见,使低档的木材具有高档木材的外观特征。不透明涂饰是将木材的纹理和固有色完全覆盖,使人感觉不到其木材木质的高低,涂饰色彩极其丰富,常受青年人和儿童的喜爱。

3．人造板覆面装饰色:在现代家具的制作中,有大量的部件是用人造板来制作的,因此人造板的覆面材料装饰色就决定了家具的颜色。人造板覆面材料及其装饰色极其丰富,有高级珍木夹板覆面,也有低级夹板面上覆高级珍木照相纸板的,有各色PVC塑面板覆面的,也有仿制各式木材的装饰板覆面。这些饰面板对家具的色彩及装饰效果起着重要作用。

4．金属、塑料的工业色:工业化生产的金属、塑料家具体现了现代家具的风韵,富有时代感,金属制作中的电镀工艺,既保护了钢管,又增添了金属的光彩。而塑料鲜艳的色彩点拨了人们的生活情趣。

5．软包家具的织物色:软包家具常指软椅、沙发、床背、床垫等,往往在室内家具中占有较大面积,因此其织物的图案与色彩在室内环境中具有相当重要的作用。由于织物的种类及色彩极其丰富,给室内环境可以带来调和或对比的色彩,特别是一些靠垫,它可以不同的色彩织物适应种种环境色调而总能取得画龙点睛的艺术效果。

有了上述色彩应用于家具的物质条件外,家具的色彩设计还必须考虑下述因素:家具的色彩设计离不开室内环境的整体氛围,不能单件孤立地考虑,它必然是成组家具与室内环境色彩的配置设计。往往室内四周的界面色彩成为家具的背景色,在设计时有调和及对比两种色彩设计的方法。若以调和的手法,则整个室内,家具与各界面之间的色彩和谐统一,显得幽雅、宁静;若以对比的手法,则家具色彩明快突出于环境的背景色,使室内环境显得活跃而有生气。无论采用调和或对比哪一种手法,都离不开运用色相、明度、彩度三要素的色彩构成原理。如选用调和为主调时,在色相上可运用相近的色系,在明度上则级差不能太大,彩度上也以较低的不饱和色为主,以得到柔和沉稳的感觉。在设计对比主调时,方法较多,它可以用色相的对比,也可用明度和彩度的对比。除此以外。色彩设计要注意色彩的面积效应,即面积大时,色彩的明度和彩度都有提高的现象。根据这一特性,设计色彩时,小面积的色彩可以彩度高,而大面积时应避免高彩度的设计。总之,家具的色彩设计必须和室内环境及其使用功能作整体统一考虑。

六、质感

质感是指材料表面质地的感觉,人们通过触觉和视觉所能感觉到材质的粗细、软硬、冷暖、轻重等。在日常生活中,家具和人的接触机会最多,并且是近距离的观赏其材质的不同与变化,直接地触摸家具部件,感觉其质地的润滑与舒适程度,因此质感在家具造型设计中也具有重要的地位。

家具材料的质感处理,一般从两方面来考虑:一是材料本身所具有的天然性质感,如木材、玻璃、金属、大理石、竹藤、塑料、皮革、织物等等,由于其本质的不同,人们可以轻易地区分和认知,并根据各自的品性在家具中加以组合设计,搭配应用;二是指同一种材料的不同加工处理,可以得到不同的肌理质感,如对木材不同的切削加工,可以得到不同的纹理效果,对玻璃的不同加工,可以得到镜面玻璃、毛玻璃、刻花玻璃、彩色玻璃等不同艺术效果,如竹藤采用不同的缠扎和编织,都可获得极佳的图案肌理质感效果。根据上述二方面的材质考虑,在家具造型设计中,主要运用材料质地对比的手法,以获取生动的家具造型(图4-15)。如设计大师密斯·凡·德罗设计的"巴塞罗那"椅,支架以光亮的扁钢,坐靠垫以黑色柔软的皮革制成方块凹凸的肌理,坐椅充满弹性,舒展大方;又如著名设计师伊姆斯设计的休闲"伊姆斯"椅,以可变的金属支架支撑着上部用花梨木胶合板和皮革软垫合成的坐靠垫,使整个坐具具有一种雕塑感。

图4-15 家具材料质感的应用

第三节 造型法则与家具造型

前面我们已经叙述了造型要素的基本概念,但要将这些要素综合成造型设计还必须运用艺术上的构图法则,这是人类经过长期的艺术实践,从自然美和形式美中概括提炼出来的艺术处理手法,适用于所有的艺术创作。家具造型设计同样具有艺术的属性,因此设计时必须符合艺术造型的构图法则,但家具又具实用的属性,因此在运用这些艺术法则的同时,必先以其使用功能、材料制作工艺作为主要依据。下面对造型法则的处理手法分别给以陈述。

一、比例与尺度

任何形状的物体,都具有长、宽、高三个方向的度量。按度量的大小,构成物体的大小和美与不美的形状。我们将各方向度量之间的关系及物体的局部和整体之间形式美的关系称之为比例。因此良好的比例是获得物体形式上完美和谐的基本条件。对于家具造型的比例来说,它具有二方面的内容:一方面是家具整体的比例,它与人体尺度、材料结构及其使用功能有密切的关系;另一方面是家具整体与局部或各局部之间的尺寸关系。

(一)家具整体比例

家具造型设计整体比例,首先应符合人体尺度及满足使用要求。如一张坐椅,其坐面的高度、椅背的高度、坐深、坐宽等都由人体尺度来决定的,然后按人们生活习惯及使用方式(即家具的使用功能)的不同,影响到家具的整体比例。如沙发椅和一般坐椅,由于其使用方式不一,其比例尺度就不一。从沙发椅来说,坐高可比一般的坐椅稍低,椅面和椅背的倾角较大,有扶手等。又如同样的桌子分成餐桌、办公桌、会议桌、炕桌等,因其使用功能与所处的环境的不同,它们在比例上出现完全不同的尺寸关系。因此我们从家具造型的角度来看,各类家具的造型区别主要在于其整体的比例不同(图4-16)。

图4-16 家具造型的比例

另外在家具的整体比例中要考虑到材料及其结构制作的方式。用全木制作和钢木制作的桌椅,其造型的整体比例完全不一样,同样的木制家具,由于榫结构和板式结构形式的不同,其造型的整体比例也不一样。

(二)家具整体与局部的比例关系

家具比例除整体造型的比例外,还必须注意到部件与整体之间的比例关系和部件与部件之间的比例关系。在成组家具中又要考虑单体家具组合之间的比例关系。

如大型的会议桌,从受载角度及结构来讲,桌面不需要很厚的材料,但从其整体造型讲,较大面积的桌面,面板应该具有一定的厚度才显得稳重,因此在设计时往往沿桌边加厚桌面,以取得整体的比例效果。在橱柜的造型设计中,更多的涉及到形的分割,即部件与部件的关系。根据造型法则,我们引入比例的数学关系,这是人类在长期生产实践中总结的具有良好比例的数学法则。

就几何形状本身来说,某些具有肯定外形的几何图形的周边的"比率"和位置,不能加以任何改变,只能按比例放大和缩小,否则就会失去此种图形的特征。如圆形、正方形、等边三角形等,如果处理得当,就会产生良好的比例。正方形无论大小如何,其周边的"比率"永远是1,而圆形的圆周率则永远为3.1416。

长方形就不具备上述特征,但在物体的造型中又频频出现,因此对长方形人们研究出形成良好比例的数学法则。

1. 黄金比:黄金比的比值为0.618。凡图形的二线段或局部线段与整体线段的比值在0.618或近似时,都被认为是有较好的比例关系。黄金分割比值(图4-17):将一条线分成大小两段 AE 及 EB,使小的一段和大的一段之比与大的一段和整个线段之比相

第四章 家具设计的造型法则

等,即 $EB:AE = AE:AB$,

设小段 EB 为 1,大段 AE 为 x。

则上式为
$$1:x = x:(x+1)$$
$$x^2 = x+1 \quad x = \frac{1 \pm \sqrt{5}}{2}$$
$$x_1 = 1.618 \quad x_2 = -0.618$$

按上述黄金比值作的长方形叫做黄金比长方形,一般被认为是优美长方形的典范。

2. 根号长方形:作一正方形,其边长为 1,以其对角线作圆弧交正方形底边延长线,按此长线和正方形的边长得到的长方形具有良好的比例关系,其比值为 $\sqrt{2}:1 = 1.414$。

再以得到的长方形对角线即 $\sqrt{3}$ 作圆弧交底边得到 $\sqrt{3}$ 的长方形,其比值为 1.732,以此类推可得到无数个长方形。上述这类长方形也被认为是具有较好的比例图形(图 4-18)。

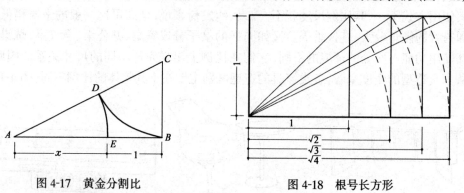

图 4-17 黄金分割比 　　　　图 4-18 根号长方形

3. 数学级数分割:常用的有两种,一种为相加级数比,如由 1:2:3:5:8:13:21……等构成,它是以后一项数等于前二项数之和形成的比例。另一种为等比级数比,如由 1:2:4:8:16:32:64……,这种比例的增加值大,因此具有较强的韵律感(图 4-19)。

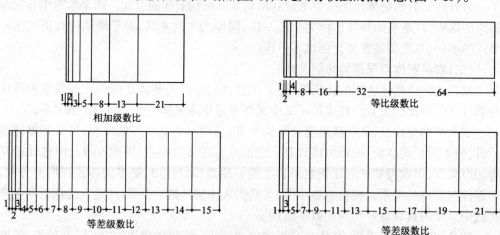

图 4-19 数学级数分割

4. 等距分割及倍数分割:等距分割就是将一个整体分割成若干相同的部分,这种分割具有均匀的特点,给人以和谐的美感。但有时也显得单调,而倍数分割则是将各分割部分或部分与整体之间按简单的倍数关系进行分割,如 1:1、1:2、1:3、1:4……等。这类分割由于比数关系明确,给人以井然有序、条理清晰的感觉。因此在柜类家具中应用广泛(图 4-20)。

除了上述具有数学比率关系的图形分割形式外,另外也可不按上述比例关系进行分割,但它们被分割图形的对角线应互相平行或互成直角,则它们的形状之间就具有数的比率关系,如图 4-21 所示,同样能产生好的比例关系。

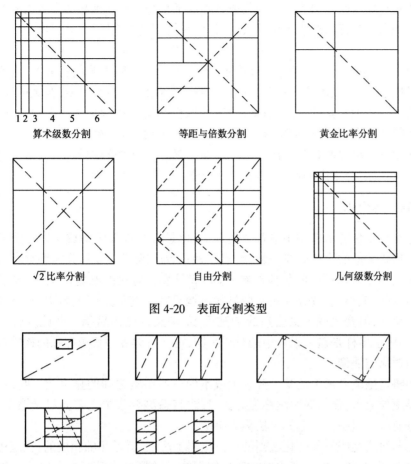

图 4-20 表面分割类型

图 4-21 各部分对角线互相平行或垂直分割关系

综上所述,比例是家具造型设计的基本法则。其中"数"的比率为造型设计中的形和分割提供了理性的科学依据,但在具体应用时还需根据家具的功能、材料、结构和所处的环境来全面考虑。

(三)尺度

尺度,顾名思义是指尺寸与度量的关系,与比例是密不可分的。在造型设计中,单纯的形式本身不存在尺度,整体的结构纯几何形状也不能体现尺度。只有在引入某种尺度单位,或在与其他因素发生关系的情况下,才能产生尺度的感觉。如画一长方形,它本身没有尺度感,在此长方形中加上某种关系,或是人们所熟悉带有尺寸概念的物体,该长方形的尺度概念跃然纸上。如在长方形中加一玻璃窗,加上门把手,就形成一扇门,或者将长方形加以划分形成一橱柜,该长方形的尺度感就会被人所感知(图 4-22)。

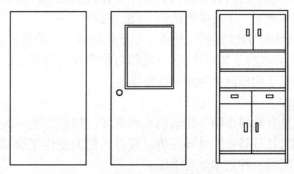

图 4-22 附加尺度因素所得尺度感

因此家具尺度必须引入衡量单位或者陈设于某场合与其他物体发生关系时才能明确其尺度概念。最好的衡量单位是人体尺度，因为家具为人所用，其尺度必须以人体尺度为准。

另外，家具主要是陈放于室内环境中，因此依据室内环境的相互关系，也能体现出家具的尺度感，有时利用这一相互关系反过来改变家具的尺度。如在高大的厅堂内，我们可以适当地加大家具的尺度，以适应环境，取得和谐的比例关系。中国传统建筑中，建筑空间较为高大，清式的传统家具尺度都较大，床榻的高、宽、深都超过了人体尺度，在床榻前设有脚踏以改善与人体的尺度关系。又如在低矮的住宅中，家具又可适当地减小其尺度，以配合室内环境，取得亲切的感觉。

二、统一与变化

统一与变化是艺术造型中最普遍的规律，也是最为重要的构成法则。统一是指性质相同或形状类似的物体放在一起，造成一种一致的或有一致趋势的感觉。而变化是指由性质相异和形状不一的物体放在一起，造成显著对比的感觉。统一产生和谐、宁静、井然有序的美感，但过分统一又会显得单调乏味。变化则产生刺激、兴奋、新奇、活泼的生动感觉，但变化过多又会造成杂乱无序，刺激过度的后果。因此从变化中求统一，在统一中求多样是造型设计中的重要法则，也是自然界中普遍存在的构成规律。

（一）对比与协调

我们将造型诸要素中的某一要素中或不同造型要素之间的显著差异组织在一起，使其差异更加突出，强化的手法称为对比，反之将造型要素中之差异尽量缩小，使对比的各部分有机地组织在一起的手法称为协调。

对比与协调是统一与变化法则的具体应用手法，二者是相辅相成的，在应用时应注意主次关系，即在统一中求变化或在变化中求统一的概念中就存在着以哪一种为主的逻辑关系。在家具造型设计中，几乎所有的造型要素都存在对比因素。如：

线条——长与短、直与曲、粗与细、水平与垂直。
形状——大与小、方与圆、宽与窄、凸与凹。
色彩——冷与暖、浓与淡、明与暗、轻与重。
肌理——光滑与粗糙、软与硬、粗与细、透明与不透明。
形体——开与闭、疏与密、虚与实、大与小、轻与重。
方向——高与低、垂直与水平、垂直与倾斜。

在具体设计时，往往许多要素是合在一起不可分离的。如线和形及形体，是组合在一起的，而色彩则跟随材质起变化。一个好的造型设计总是将这些可变的造型要素，综合考虑，取得完美的造型效果。如中国明式家具，处处体现了造型对比与和谐的设计手法，其中有直线与曲线的对比，有方和圆的形体对比，这些造型对比因素又被到处可见的圆润处理手法和谐地统一于流畅的线条中（图4-23）。

图4-23是体现虚实对比的例子，并明显地反映以实为主的体量。大面积的柜门与抽屉划分的对比，与点状拉手的对比，甚至柜门与拉手存在色彩上的对比，但它们仍被柜子的垂直分隔和贯通的横向色带统一成整体。

（二）重复与韵律

重复与韵律也是自然界事物变化的现象和规律。如植物茎叶的生长，大地山峦的起伏，水波浪的运动，日月昼夜的循环等等。经过人们的创作实践，总结出重复和韵律也是变化与统一法则的一种艺术处理手法。

重复是产生韵律的条件，韵律是重复的艺术效果，韵律具有变化的特征，而重复则是统一的手段。韵律的产生是指某种图形和线条有规律地不断重复或有组织地重复变化,它可以使造型设计的作品产生节律和畅快的美感,在家具造型设计中,这一艺术处理手法也被广泛应用。

线条曲直对比　　　　　　　　　　　虚实对比

图 4-23　对比手法应用

韵律的形式有连续韵律、渐变韵律、起伏韵律和交错韵律。

连续韵律是由一个或几个单位,按一定距离连续重复排列而成。由单一的元素重复排列而得的是简单的连续韵律,显得端庄沉着。由几个单位组成的元素重复排列可得到复杂的韵律,取得轻快活泼的艺术效果(图 4-24)。

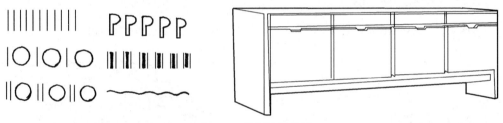

图 4-24　重复连续韵律

渐变韵律:在连续重复排列中,对该元素的形态做有规则的逐渐增加或减少,这样产生的韵律称为渐变韵律,如在家具造型设计中常见的成组套几或有渐变序列的多屉柜(图 4-25)。

起伏韵律:将渐变的韵律加以重复,则就形成起伏韵律。起伏韵律具有波浪式的起伏变化,产生较强的节奏感。在家具造型设计中,组合柜的起伏变化,"S"形沙发的起伏变化以及古典家具中的车木构件形成的起伏变化,都是起伏韵律手法的运用(图 4-26)。

交错韵律:有规律的纵横穿插或交错排列所产生的一种韵律。在家具造型中,中国传统家具中的槽斗结构做成的花格装饰,传统博古架,现代家具中的藤编座面编织图案及木纹拼花交错组合等,都是交错韵律的体现(图 4-27)。

总之韵律手法的共性是重复和变化,通过起伏的重复和渐变的重复可以强调变化,丰富造型形象,而连续重复和交错重复则强调彼此呼应,加强统一效果。

(三)重点与一般

任何艺术作品为了突出主题,常常选择其中某一部分加以精心刻画,以吸引视感的注意力。这种处理手法称为重点表现,其目的在于打破单调的格局,加强变化,形成艺术作品的高潮,是统一中求变化的一种手法。家具造型的重点主要表现在功能、形体等的主要表面和主要构件,在这些部件上加以重点处理,以增强家具的表现力,取得丰富变化的艺术效果。如椅子的椅面和椅背、桌子的桌面、橱柜的柜面等。在法国式巴洛克坐椅中,采用大印花布织物做椅面和椅背的软包面,并用大量的泡钉连续排列,形成重点处理,取得极好的艺术效果。有一些古典家具的桌子,采用木框周边内镶大理石的桌面;现代家具的橱柜面,往往用纹理优美的珍木切片加以重点装饰,或者用制作精细的小拉手加以对比,以引起视觉的注意。

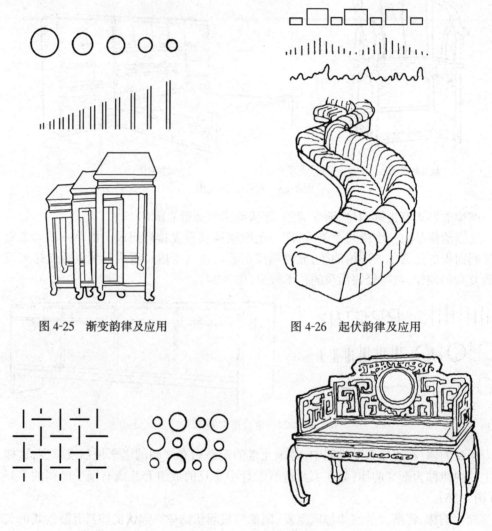

图 4-25　渐变韵律及应用　　　　图 4-26　起伏韵律及应用

图 4-27　交错韵律及应用

　　重点处理的手法还经常出现在家具的视觉主要部位或形体转折的关键部位,如床头板的艺术加工处理,桌椅弯脚处的精雕细刻及桌椅脚部的动物形脚爪处理等等,都是丰富家具造型、取得优美视觉形象的手段(图 4-28)。

　　重点是相对于一般而言,没有一般也就没有重点,因此在家具造型设计中切忌到处都是重点,装饰过多就成繁琐,必须处理好一般与重点的关系。

三、均衡与稳定

　　家具是由不同材料构成一定体量的物体,因而具有不同的重量感,由此在家具造型设计中产生体量的均衡与稳定的关系。

　　均衡是指家具前后左右各部分相对的轻重关系,而稳定则是指家具上下的轻重关系。运用均衡与稳定的造型法则,主要目的在于使家具造型设计获得生动活泼又不失均衡的艺术效果。

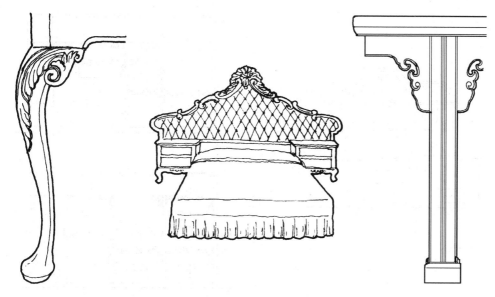

图 4-28 重点处理手法的应用

(一)对称均衡

自然界静止的物体都受力学原则的支配,对称均衡是自然现象的美学原则。如许许多多的动植物形态,都遵循这一对称均衡的原则。所谓对称均衡,就是以一直线为中轴线,线之两边的形体完全对称相当(图 4-29)。对称的构图都能取得均衡的效果。但在对称构图中,需要强调其对称中心或对称轴,这样在视觉感受上,才会得到一种静止的力感,如没有对称中心,那么视觉感受会游移不定,因找不到明显的均衡中心而显得平淡乏味。

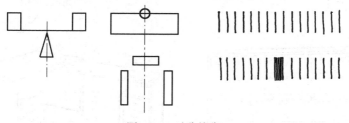

图 4-29 对称均衡

家具造型设计必须遵循均衡与稳定的原则,以适应人们视觉心理的需求。对称均衡中有绝对对称及相对对称两种手法(图 4-30)。绝对对称又称镜面对称,即对称轴的两侧形体,其形状和尺寸完全相同。而相对对称,即对称轴的两侧形体,其外形相同,外形尺寸相同,但在其外形内的内部分割不尽相同。绝对对称具有端庄、严肃的艺术形象,而相对对称却能在端庄大方中获得生动的艺术效果。

(二)非对称均衡

由于某些家具使用功能的不一,无法用对称均衡的手法来达到均衡造型法则时,我们常用非对称均衡的手法。非对称均衡是指在平衡中心的两侧形体可以形式不同,尺寸不同,但它的均衡性质表现相同,有如秤的杠杆的重心平衡那样。在家具造型设计中,我们可以用一边竖向高起的体量与一边低矮横向的体量相互取得均衡(图 4-31),也可以一边用一个大的体积和一边用几个小的体积的方法取得均衡。这种非对称均衡的设计手法具有更多的可变性和灵活性。但也易造成紊乱,因此在运用非对称均衡的手法中,更需强调均衡中心显示,才能提纲挈领地取得活泼而又稳定的效果。

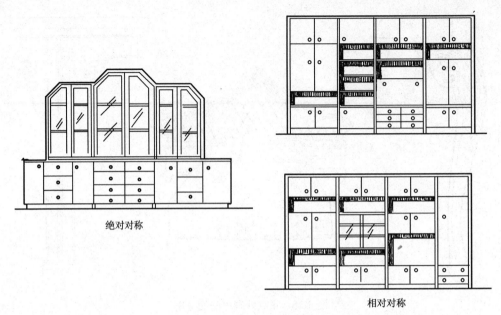

图 4-30　对称均衡的应用

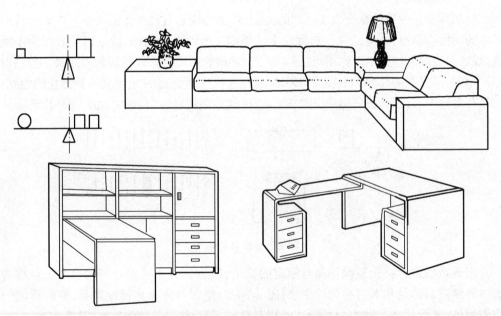

图 4-31　非对称均衡的应用

(三)稳定与轻巧

自然界的一切物体,为了保持本身的稳定,在接近地面的部分往往重而大,如山脉的底部、树的根部等等,由此人们得出一个规律,即重心低的物体是稳定的,底面积大的物体也是稳定的,家具造型设计也必须遵循这个原则(图 4-32)。

家具对稳定的要求包括两个方面,一是实际使用中所要求的稳定;二是人们对家具视觉印象上的稳定。一般情况下,实际使用中稳定的家具在视觉上也是稳定的。在家具造型设计中,经常运用梯形的构成,以形成上小下大的稳定处理手法。有些家具结合使用功能,将大体量部件设计于下部,上部收小,完全符合稳定的构成规律,如书柜、酒柜等。但在家具造型设计中也经常出现体量上大下小的造型,在满足稳定的构成法则下,它会显得特别轻巧活泼。设计处理的原则是使家具的重心落于底面积内(图 4-33)。

图 4-32　体量大的部件设于下部,降低重心

图 4-33　重心与稳定

另外色彩对稳定与轻巧起着视觉上的作用,深色给人以重量感,浅色给人以轻量感。家具造型设计一般采用下深上浅,会产生稳定的感觉,相反,下浅上深则能得到轻巧的感觉。

四、仿生与模拟

仿生与模拟是指人们在造型设计中,借助于生活中遇见的某种形象、形体或仿照和模拟生物的各种原理,进行创作设计的一种手法。由于家具是具有物质与精神双重功能的物质产品,因此在不违反人体工程学原则的前提下,运用仿生和模拟的手法,可以给设计者以新的启发,给使用者的观赏带来一定的联想,使造型式样具有一定的情感与趣味。

仿生学的介入为家具设计开拓了新的思路。在大自然中的一切生物都是经过千百万年的生物进化而来,为适应大自然的环境,它们按生存功能,形成了科学合理又极优美的形体,这一丰富的大自然宝库为设计师提供了想像的翅膀,为创造新颖美观的家具提供了美好的设计蓝图。如水禽类动物,常在水中站立捕食,具有细长的腿,时而单腿独立,但其脚部长着修长的脚趾,稳固地支撑着上部轻盈的身躯,显得极其悠然自得。这种优美的造型被利用到家具的造型设计上,利用胶合层压板、玻璃钢或塑料压制成型的现代坐椅,其椅腿就是运用细小的高强钢材制成,它给人们以轻快悠然的感觉。有的椅子采用独脚支撑,使你联想到水禽单腿亭立的姿态。又如水中的海星放射状的五足,牢固地伏行于海底,在家具设计中运用海星的这一特殊结构,设计出了可以活动的办公椅脚,这种椅脚可以向任意方向滑动,并且特别稳固,人坐在椅上重心转向任何方向都不会引起倾倒(图 4-34)。

图 4-34　仿生手法应用

模拟是较为直接地模仿自然形象或通过具体的事物形象来表达或暗示某种思想感情,这种情感的产生与对事物美好形象的联想有关。运用模拟手法,设计的家具造型具有再现自然的现实意义,并会给人引起美好的回忆和联想。运用模拟手法,不能照搬自然形体的形象,而应抓住模拟对象的特点,进行概括、提炼,其表现形式有如下三种:一是在整体造型上进行模拟,家具的外形塑造犹如雕塑一样。运用模拟手法,可以是具体的,也可以是抽象的。如模拟人体或人体局部的家具在近代也有发展(图 4-35)。二是在局部构件装饰上进行模拟。如桌椅的腿脚、椅子的扶手等(图 4-36)。三是结合家具的功能对部件进行图案描绘或形体的简单加工,一般以儿童家具为多。在中国传统家具中,类似的处理手法较多,常用桃子、佛手、石榴、蝙蝠、灵芝、卷云等形象,以寄托思想感情和表示美好的祝愿。

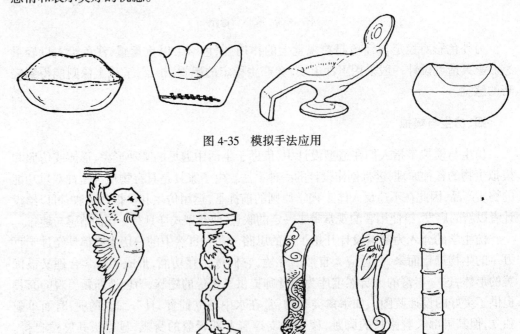

图 4-35　模拟手法应用

图 4-36　部件的模拟装饰

模拟手法的运用,除了儿童家具外,切忌完全的具体,因为完全的具体就失去了比拟联想的意义,对人的思维失去了吸引力。另外模拟的手法也不能到处滥用,模拟只是为我们造型设计提供一种设计手段,重要的是结合功能、材料、结构,设计出实用、经济、美观的家具。

五、错觉及其应用

视觉是人体生理机能的重要感觉器官,是接受形象信息的主要途径,但人的视觉在特定的环境下以及受某些光、形、色等因素的干扰,人们对物体的认知觉往往会发生错误,这就是人们常说的错觉。

视错觉的表现有二个方面:一是错觉,二是透视变形。错觉造成人们对一些家具所获得的印象与家具实际形状、大小、色彩等有一定的差别;而透视变形也影响到家具设计与家具实际效果之间的差距。因此在学习造型构成法则时,必须了解错觉的一些特殊规律,在设计中加以纠正或利用。

(一)错觉现象

线段长短的错觉。由于线段的方向与附加物的影响,同样长的线段会产生长短不等的错觉。图4-37中 a 和 b 是等长的线段。2号图中 b 线段看上去比1号图中的 b 线段短。从1、2、3、4号图中看,a 线段与 b 线段比较,a 线段比 b 线段越来越显得长。又如图4-37右图中,a 和 b 为等长线段,由于附加箭头的方向不同,造成 b 线段比 a 线段短的错觉。

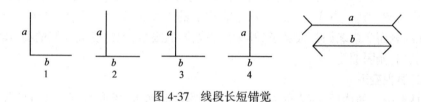

图4-37 线段长短错觉

面积大小的错觉。由于受形、色、方向、位置等影响,相等面积的形会给人以大小不等的感觉。如图4-38(a)中,黑白两只花瓶的面积完全相同,但在黑白背景的作用下,给人感觉是白瓶比黑瓶大。又如图4-38(b)中,两个圆面积相同,但在两线的夹角影响下,靠近夹角的圆显得要比远离夹角的圆面积大。

图4-38 面积大小错觉

分割错觉。同一几何形状,相同尺寸的物体,由于采取不同的分割方法,会给人以形状和尺寸都发生变化的感觉。如图4-39中,两个形状、大小尺寸相同的长方形,由于中间分隔的线为水平线和垂直线,出现了垂直线分隔的长方形偏短而水平线分隔的长方形偏长的感觉。又如相等的 a、b 两线段,由于将 a 线段进行等距的分割而造成视觉上的错觉,感觉 a 线段比 b 线段长。

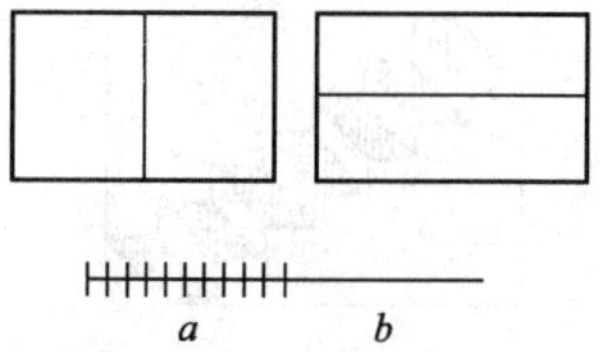

图4-39 分割错觉

对比错觉。对同样的形、色,在其他差异较大的相同形、色的对比下,使人们产生错误的判断。如图4-40(a)中,形状尺寸相同的扇形,在其两侧不同大小扇形的对比下,其中两侧扇形小的衬出的扇形面积显得大,而两侧扇形大的衬出的扇形面积显得小。又如图 4-40(b)中两个相同的圆,在其外面各加半径不等的大小两个圆,马上会感觉到外圈加小圆的原圆面积显得大,而外圈加大圆的,则原圆面积显得小。

图形变形错觉。由于其他外来线形的干扰,使原图形线段发生歪曲变形的感觉。如图 4-41(a)中,与正方形对角线平行的各线段在受到间隔的水平线段和垂直线段的干扰下,原平行线产生不平行的奇妙变化。又如图 4-41(b)中,图形形成 A 和 B 二个平面,中间形似楼梯踏步,由于每一间隔面有深浅的颜色,在视觉上可造成图形的变化,A 面在前,B 面在后,该踏步成正常向上的趋势;另外也可看成 B 面在前,A 面在后,这就造成踏步凹凸向下的趋向。图 4-41(c)是非常著名的图形变形错觉"光阴似箭"。图形具有双重头像。其一为穿着毛皮大衣带有项链的少女头像;其二可以看作一老妇的头像,少女的侧面变成老妇的大鼻子,耳朵成为老妇的眼睛,项链变成老妇的嘴,寓意由少女变成老妇,光阴似箭。

(二)透视变形

家具有一定的体量,而人的视线有一定的高度和角度,因此看到的实际物体都是带有某种角度和一定高度的透视形象。如图 4-42 所示,圆的直径和正方形的边长相同的两根椅腿,但在透视上,方腿要比圆腿粗得多,因为方腿看到的是正方形的对角线宽度。对方形桌腿可采取将边角打圆或做成海棠线向内凹进的做法,会取得圆润秀丽的感觉,主要是缩小了对角线的长度。

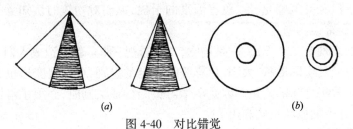

图 4-40 对比错觉

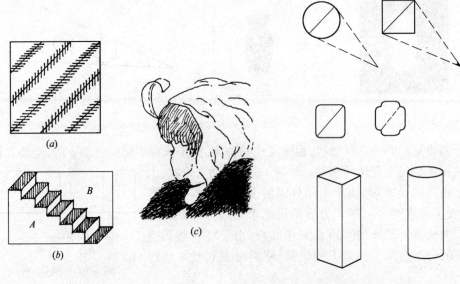

图 4-41 图形变形错觉　　图 4-42 部件透视变形

运用错觉的规律,对家具造型设计中易产生的视觉偏差加以纠正,能取得较好的艺术效果。如在三门大衣柜的设计中,通常将中间部件尺寸加大,以避免等分尺寸产生的中间缩小的感觉,又如橱柜的底脚下沿板,常常因橱柜的宽度较大而产生下垂的感觉,在设计中可采用向上拱起的下沿板,以纠正下垂的错觉。也可反其道行之,故意强调下沿板的下垂弧线,将下沿板做成有曲线造型,以明示其造型变化而避免视错觉的嫌疑(图 4-43)。

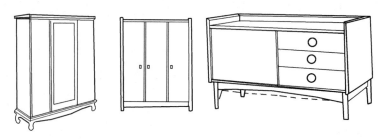

图 4-43　错觉的纠正

通常人的视线对家具所形成的视角是自上而下,因此家具的竖向透视缩小是明显的,如图 4-44 所示。因此在设计时事先考虑到透视竖向变形的因素,对柜架的高度做一定的调整,就能在视觉上得到匀称的感觉。

另外由于视线较高,家具的底部或下层部件会被遮挡,因此橱柜的底脚不宜收得太里或底脚可适当加高,而对一些被遮挡的部件,如桌椅面下部的横档,则可适当降低其高度。但这种透视变形的纠正并非绝对的原则,因为人的视点是随活动不断变动的,在某一角度看,家具的造型是完美的,到另一角度看,家具造型的透视变形可能不甚理想,因此还需综合其他的造型法则统一考虑,以获得良好的实感效果为准。

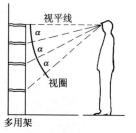

图 4-44　竖向透视变形

第五章　家具设计风格及范例

第一节　西洋古典家具

一、古代家具

约公元前16世纪至公元5世纪，指古埃及、古希腊、古罗马时期的家具。

古埃及家具。常见的家具有桌椅、折凳、榻、柜子等。矮凳和矮椅是最通常的坐具，它们由四根方腿支承，坐面多采用木板或编草制成，椅背用窄木板拼接与坐面成直角连接。正规坐椅的四腿大多采用动物腿形，显得粗壮有力；脚部为狮爪或牛蹄状，底部再接高的木块作脚垫，四腿的方位形状和动物走路时的姿态一样，作同一方向平行并列安置，形成了古埃及家具艺术造型的一大特征，如图5-1～图5-5所示。

图5-1　古埃及靠椅

图5-2　古埃及坐架

图5-3　古埃及长榻架

图5-4　古埃及矮凳

图5-5　古埃及折凳

古希腊家具与同时期的埃及家具一样，都是采用长方形结构，同样具有狮爪或牛蹄的椅腿，平直的椅背、椅坐等（图5-6）。到公元5世纪，希腊家具开始呈现出新的造型趋向，镟木技术的产生推进了家具艺术的发展。这时期的坐椅形式已变得更加自由活泼，椅背不再是僵直的，而由优美的曲线构成，椅腿变成带有曲线的镟木风格，方便自由的活动坐垫使人坐得更加舒服。

图 5-6　古希腊石浮雕卧榻和坐椅

古罗马家具带有奢华的风貌，家具上雕刻精细，特别是出现模铸的人物和植物图饰。如带翼的人面狮身怪兽、方形石像柱以及茛苕叶饰等，显得特别华美。折凳在罗马家具中有特殊地位，一种叫做 Bisellium 的阔椅在元老院和法院被普遍采用。这样椅子的腿部带有植物纹样的刻饰，作 X 状交叉，上覆盖坐垫，象征着一种权威（图 5-7、图 5-8）。

图 5-7　古罗马石桌　　　　　　图 5-8　古罗马石椅

二、中古时期家具

指西罗马帝国的衰亡到欧洲文艺复兴兴起前这一段时期，称为中古时期，约在公元 5 世纪至 14 世纪。这时期的家具主要是仿希腊、罗马时期的家具，同时兴起哥特式的家具。

仿希腊的家具成为拜占庭家具的主流，家具形式趋向于更多的装饰，坐椅和长榻多采用雕木支架，华贵的坐椅上镶嵌有象牙雕刻的装饰。公元 6 世纪，东方丝绸传入欧洲，丝绸作为家具衬垫的外套装饰成为最受喜爱的材料。

仿罗马式家具。其中坐椅、靠椅和凳子的腿以及扶手和靠背等，全部采用镟木制成。古代罗马的折椅在中世纪继续被模仿制造使用，同时用木雕的兽爪和兽头作为装饰。中世纪早期的贮藏家具以珍宝箱最为典型，大部分形式是高腿支承箱柜，柜顶似屋顶形的斜盖，这种形式基本上是从木制棺椁的形式演变而来。箱柜的正面一般都有简洁的薄木雕刻装饰，常以花卉和曲线纹样作为图案的主题。

哥特式家具由哥特式建筑风格演变而来。家具比例瘦长、高耸，大多以哥特式尖拱的花饰和浅浮雕的形式来装饰箱柜等家具的正面。到 15 世纪后期，典型的哥特式焰形窗饰在家具中以平面刻饰出现,柜顶常装饰着城堡形的檐板以及窗格形的花饰。家具油漆的色彩较深,最典型的是图案用绿色,底板漆红色,如图5-9~图5-18所示。

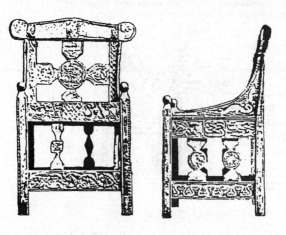

图 5-9　仿罗马式靠椅

图 5-10　仿罗马式靠椅

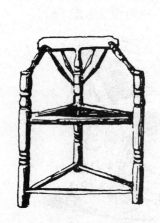

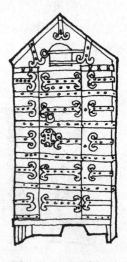

图 5-11　仿罗马式镟木扶手椅　　图 5-12　罗马式扶手椅　　图 5-13　罗马式柜子

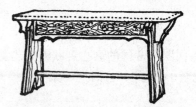

图 5-14　罗马式箱子　　　　　　图 5-15　哥特式条凳

图 5-16　哥特式箱柜

图 5-17　法国哥特式教堂坐椅

图 5-18　法国哥特式靠椅

三、文艺复兴时期家具

文艺复兴是指公元 14 世纪至 16 世纪，以意大利各城市为中心而开始的对古希腊、古罗马文化的复兴运动。

自 15 世纪后期起，意大利的家具艺术开始吸收古代造型的精华，以新的表现手法将古典建筑上的檐板、半柱、拱券以及其他细部形式移植到家具上作为家具的装饰艺术。如以贮藏家具的箱柜为例，它是由装饰檐板、半柱和台座密切结合而成的完整结构体，尽管这种由建筑和雕刻转化到家具上的造型装饰，但绝不是生硬、勉强的搬迁，而是将家具制作艺术的要素和装饰艺术完美的结合。当时典型的桌子为长方形，腿部为坚厚的螺纹支柱，支柱中间装接横挡，以加强其支撑力量。螺纹支柱的装饰常以假面和兽爪雕刻，与古代罗马的大理石桌子的艺术风格极为相似。

意大利文艺复兴后期的家具装饰以威尼斯的作品最为成功。它的最大特点是灰泥模塑浮雕装饰，做工精细，常在模塑图案的表面加以贴金和彩绘处理，这些制作工艺被广泛用于柜子和珍宝箱的装饰上，如图 5-19～图 5-22 所示。

四、巴洛克及洛可可家具

16 世纪末，文艺复兴运动已被逐渐兴起的巴洛克风格所代替，"巴洛克"原是葡萄牙文 Baroque，意为珠宝商人用来表述珍珠表面那种光滑、圆润、凹凸不平的特征用语，由此人们可以想像巴洛克艺术风格的造型特征。尽管文艺复兴时期已经以"人性"的主张作为艺术设计的原则，但真正为了生活需要而作为设计原则的应首属巴洛克风格。巴洛克风格的住宅和家具设计具有真实的生活且富有情感，它更加适于生活的功能需要和充满精神祈求，因此巴洛克风格是将生活艺术设计和生活本身需要密切结合的先驱，也是它最值得赞誉的成就。

巴洛克家具的最大特色是将富于表现力的细部相对集中，简化不必要的部分而着重于整体结构，因而它舍弃了文艺复兴时期将家具表面分割成许多小框架的方法以及

图 5-19　文艺复兴式坐椅　　　　图 5-20　意大利文艺复兴式坐椅

图 5-21　法国文艺复兴式长桌　　　　图 5-22　法国文艺复兴式靠椅

那些复杂、华丽的表面装饰，而改成重点区分、加强整体装饰的和谐效果。由于这些改变，巴洛克风格的坐椅不再采用圆形镟木与方木相间的椅腿，而代之以整体式的迥栏状柱腿；椅坐、扶手和椅背改用织物或皮革包衬来替代原来的雕刻装饰。这种改革不仅使家具形式在视觉上产生更为华贵而统一的效果，同时在功能上更具舒适的效果。

洛可可风格家具于18世纪30年代逐渐代替了巴洛克风格。由于这种新兴风格成长在法王"路易十五"统治的时代，故又可称为"路易十五风格"。洛可可（Rococo）是法文"岩石"（Rocaille）和"蚌壳"（Coquille）的复合字，意思是表达这种风格多以岩石和蚌壳装饰的特征。

洛可可家具的最大成就是在巴洛克家具的基础上进一步将优美的艺术造型与功能的舒适效果巧妙地结合在一起，形成完美的工艺作品。路易十五式的靠椅和安乐椅就是洛可可风格家具的典型代表作。它的优美椅身由线条柔婉而雕饰精巧的靠背、坐位和弯腿共同构成，配合色彩淡雅秀丽的织锦缎或刺绣包衬，不仅在视觉艺术上形成极端奢华高贵的感觉，而且在实用与装饰效果的配合上也达到空前完美的程度。同样，写字台、梳妆台和抽屉橱等家具也遵循这同一设计原则,具有完整的艺术造型,它们不仅采用弯腿以增加纤秀的感觉;同时台面板处理成柔和的曲面,并将精雕细刻的花叶饰带和圆润的线条完全融会一体,以取得更加瑰丽、流畅优雅的艺术效果。

洛可可风格发展到后期,其形式特征走向极端,曲线的过度扭曲及比例失调的纹样装饰而趋向没落。

英国的乔治王统治时期是英国家具设计、创作的黄金时期(1714~1837年)。乔治前期有著名的家具设计师汤姆士·齐潘德尔(Thomas Chippendale)。他的家具风格基本是以洛可可风格为基础,吸收了当地民间家具和东方艺术的涵养,设计出著名的"齐潘德尔"式坐椅,成为世界上第一位以设计师的名字命名家具式样的家具设计大师。

这一期间的家具如图 5-23~图 5-34 所示。

图 5-23　德国巴洛克靠椅

图 5-24　德国巴洛克圆桌

图 5-25　法国巴洛克桌

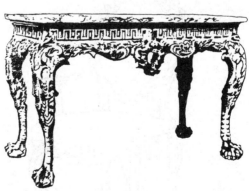

图 5-26　英国巴洛克长桌

图 5-27　法国路易十五式靠椅

图 5-28　法国路易十五式扶手椅

图 5-29　法国巴洛克式橱柜

图 5-30　意大利洛可可式桌

图 5-31　德国洛可可式扶手椅

图 5-32　德国西部洛可可靠椅

 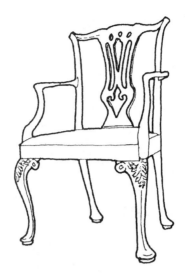

图 5-33　英国齐潘德尔式靠椅　　图 5-34　英国齐潘德尔式扶手椅

五、新古典家具

风靡于 17 世纪至 18 世纪的巴洛克风格和洛可可风格,发展至后期,其家具的装饰形式已完全脱离于结构理性而走向怪诞荒谬的虚假境地,人们在这虚假繁琐的装饰环境中又不免渴望一种清新的环境,以期达到一种心理平衡。在此背景下,以瘦削直线结构为主要特色的新古典风格成为一代新潮,时期约为 18 世纪后半叶至 19 世纪初。

新古典风格大致可分为两个发展阶段:第一阶段大约自 1760 年至 1800 年间,称为庞贝式(Pompeire);第二阶段自 1800 年至 1830 年间,称为帝政式(Empire)。

庞贝式风格盛行于 18 世纪后半叶,当时的法国路易十六式风格,英国乔治后期的罗伯特·亚当、赫巴怀特和谢拉顿风格,美国联邦时期风格以及意大利、西班牙等国 18 世纪后期风格均属于庞贝式风格的范畴。而帝政式风格流行于 19 世纪前期,它包括法国的执政内阁时期和拿破仑的帝政时期,英国的摄政时期以及 19 世纪初期的意大利和西班牙家具风格,都属于帝政式风格的范畴。

(一)庞贝式风格

路易十六式家具的最大特点是将设计重点放在水平与垂直的结合体上,完全抛弃了路易十五式的曲线结构和虚假装饰,以直线造型成为其家具的自然本色。因此路易十六式家具在功能上更加强调结构的力量,无论采用圆腿、方腿,其腿的本身都采用逐渐向下收缩的处理手法,同时在腿上加刻槽纹,更显出其支撑的力度。家具的外形倾向于长方形,使家具更适应于空间布局及活动使用的实际需要。椅坐分为包衬织物软垫和藤编两种,椅背有方形、圆形及椭圆形几种主要形式,整个造型显得异常秀美。

英国建筑师罗伯特·亚当(Robert Adam)与其兄弟共同开创了英国的新古典主义运动而被称为"亚当兄弟"时期。他们的家具作品,多数采用直线结构,线条明晰而稳健。在装饰雕刻上,题材丰富,加工精细,有平雕的垂花、椭圆的玫瑰花饰、垂直的棕榈叶饰以及路易十六式的槽纹等等。亚当式家具典雅优美,不仅形式上具备了古典风格的特色,而且在结构和装饰上作了更加合理结合。

乔治·赫巴怀特(George Hepplewhite)是英国著名的家具制作家,除了为亚当兄弟和其他设计家制作许多古典家具外,他还创造出属于他自己的作品。他的作品比例优美,造型雅致,兼有古典式的高雅与法国式的纤巧,与亚当式家具的严肃古典造型形成强烈的对比。

汤姆士·谢拉顿(Thomas Sheraton)是英国18世纪后期的杰出家具设计师及制作家。他的设计风格,深受路易十六、赫巴怀特和亚当风格的影响,并吸取前辈艺术风格的所长,创作出他自己特有的精美作品。他的作品具有良好的比例和完美的装饰趣味,家具形体较为小巧修长,桌椅多数采用细长而由上往下收缩的方形直腿,偶尔也采用圆形槽纹直腿,椅背则多采用方形,中间饰以竖琴和古瓶等古典透雕装饰图案,将精美装饰与简洁的结构配合得极其完美,给人以极端纯净、优雅、精致玲珑的感觉。

庞贝式风格的家具如图5-35～图5-44所示。

图5-35 法国路易十六式靠椅

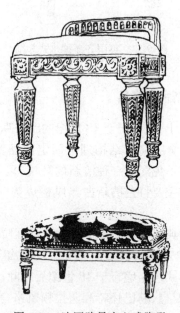

图5-36 法国路易十六式脚凳

图5-37 法国路易十六式柜子

图5-38 法国路易十六式半桌

图 5-39　英国新古典式圆桌

图 5-40　英国亚当式坐椅

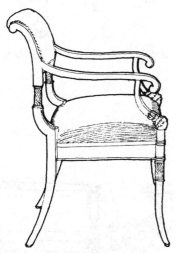

图 5-41　英国亚当式坐椅

图 5-42　英国亚当式坐椅

图 5-43　英国谢拉顿式坐椅

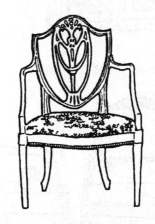

图 5-44　英国赫巴怀特式坐椅

(二)帝政式风格

拿破仑上台摄政的十年间,法国历史上称为帝政时期。而在此前的摄政内阁时期变革的家具设计风格到此时获得了更加成熟的发展。这种以古代罗马、希腊家具为主要模仿对象而形成的新风格,被称为帝政式风格。

帝政式风格可以说是一种彻底的复古运动,它不考虑功能与结构之间的关系,一味地盲目效仿,将柱头、半柱、檐板、螺纹架和饰带等古典建筑细部硬加于家具上,甚至还将狮身人面像、半狮半鸟的怪兽像等组合于家具支架上,显得臃肿、笨重和虚假。

这一时期的家具如图 5-45～图 5-54 所示。

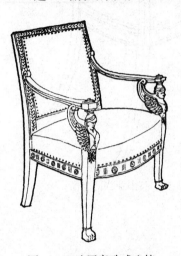
图 5-45 法国帝政式坐椅

图 5-46 法国帝政式坐椅

图 5-47 法国帝政式靠椅

图 5-48 法国帝政式书橱

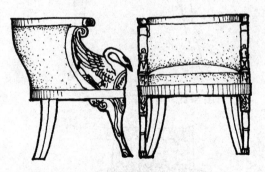
图 5-49 俄罗斯帝政式坐椅

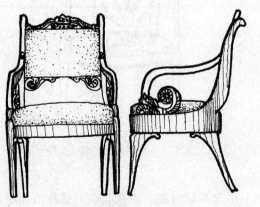
图 5-50 俄罗斯帝政式坐椅

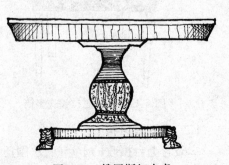
图 5-51 俄罗斯红木桌

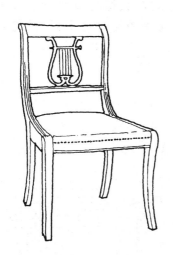

图 5-52　美国邓肯·怀夫式靠椅　　　图 5-53　美国邓肯·怀夫式靠椅

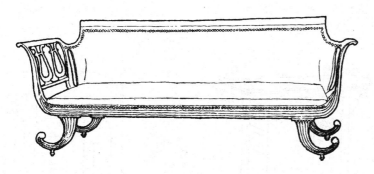

图 5-54　美国邓肯·怀夫式靠椅

第二节　中国传统家具

中国传统家具的发展约有三千五百年的历史,它经历了自席地而坐的矮型家具到垂足而坐的高型家具的发展过程,直至明清时期,创造了中国传统家具灿烂辉煌的成就,并对世界各国的家具艺术有着不可低估的影响。

一、明式家具〔自明代至清代初期(14世纪下半期至18世纪初)〕

这时期的家具,不论硬木还是木漆家具,甚至是民间的柴木家具,都以它造型简洁、结构合理、线条挺秀舒展、比例适度、不施过多装饰的那种素雅端庄的自然美而成独特的风格,博得人们的赞赏,赢得国际的声誉。

我国明式家具研究的著名学者杨耀先生在其著作中这样写道:明式家具有很明显的特征,一点是由结构而成立的式样;一点是因配合肢体而演出的权衡。从这两点着眼,虽然它的种类千变万化,而归综起来,它始终维持着不太动摇的格调,那就是"简洁、合度",但在简洁的形态之中,具有雅的韵味。这韵味的表现是在:一,外形轮廓的舒畅与忠实;二,各部线条的雄劲而流利,更加上它顾全到人体形态的环境,为体现处处适用的功能,而做成随宜的比例和曲度。

我国当代另一位研究明式家具的著名学者王世襄先生对明式家具的造型用"品"来

评述。"品",一方面为家具自身固有的品质,另一方面为他人对其的鉴赏。王世襄先生对明式家具研究得有"十六品"即:"简练、淳朴、厚拙、凝重、雄伟、圆浑、沉穆、秾华、文绮、妍秀、劲挺、柔婉、空灵、玲珑、典雅、清新",这些都是对明式家具的结构构件所形成的装饰神态的高度概括。

明式家具如图 5-55~图 5-73 所示。

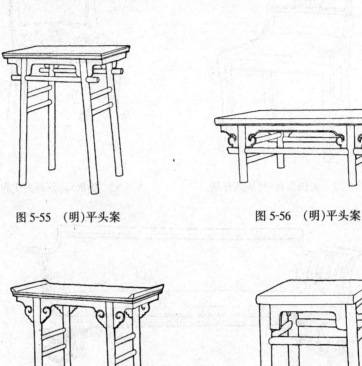

图 5-55 (明)平头案　　　　图 5-56 (明)平头案

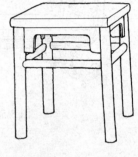

图 5-57 (明)翘头案　　　　图 5-58 (明)机凳

图 5-59 (明)靠背椅　　　图 5-60 (明)灯挂椅　　　图 5-61 (明)圈椅

第二节 中国传统家具

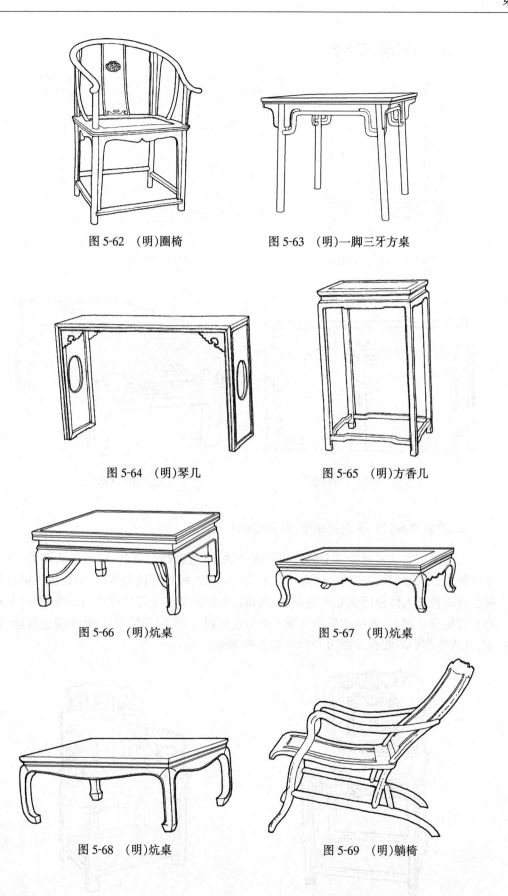

图 5-62 （明）圈椅　　　图 5-63 （明）一脚三牙方桌

图 5-64 （明）琴几　　　图 5-65 （明）方香几

图 5-66 （明）炕桌　　　图 5-67 （明）炕桌

图 5-68 （明）炕桌　　　图 5-69 （明）躺椅

107

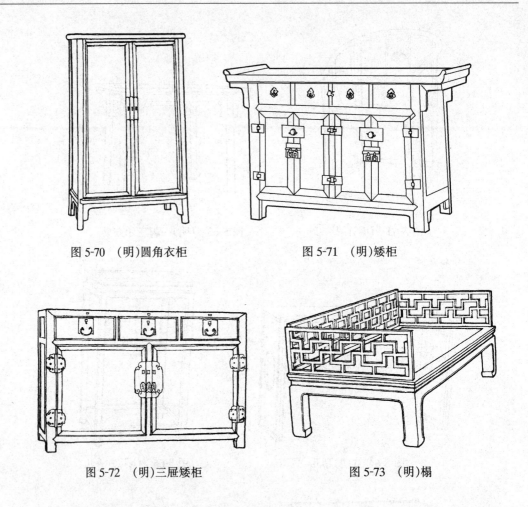

图 5-70　(明)圆角衣柜　　　　图 5-71　(明)矮柜

图 5-72　(明)三屉矮柜　　　　图 5-73　(明)榻

二、清式家具(自 18 世纪初至 20 世纪初)

它继承了明式家具构造上的某些传统做法,但造型趋向复杂,风格华丽厚重,线条平直硬拐,雕饰增多,并间以牙、角、竹、木、瓷、玉、琅、螺钿等镶嵌装饰,却忽视了家具结构的合理性和人体使用功能的协调性,因而这时期的家具显得尺度大而型重,同时又具那种官场显示财富、地位的雄伟气派。由于它用料考究,制作精细,因此多用于宫廷、豪宅,并为富商们所收藏。如图 5-74～图 5-79 所示。

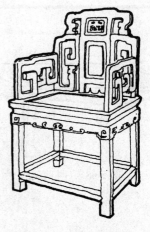

图 5-74　(清)靠背椅　　　　图 5-75　(清)太师椅

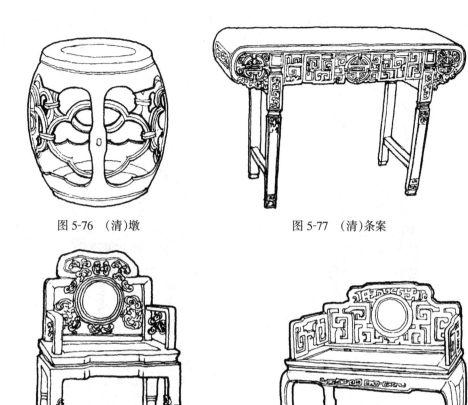

图 5-76 (清)墩　　　　图 5-77 (清)条案

图 5-78 (清)太师椅　　图 5-79 (清)宝坐

第三节　现代家具

一、现代家具探索及产生时期(1850~1914年)

这一时期家具发展历史中,存在两条平行的路线:一条是以英国威廉·莫里斯(William Morris)为代表的一批艺术家和建筑家,他们竭力主张艺术家和工程师相结合的路线,倡导和推动了一系列的现代设计运动。其中有著名的"艺术与工艺运动";有发生在欧洲大陆的新兴艺术运动"90年代运动";有德国的"青年风格派"运动及在法国形成的"新艺术"运动。这些运动的目标是一致的,反对传统风格,寻求一种可以表现他们时代的新设计形式。其中的代表人物有菲利浦·韦勃(Philip Webb)、查尔斯·雷尼·麦金托什(Charles Rennie Mackintosh)、奥托·瓦格纳(Otto Wagner)、阿道夫·罗斯(Adolf Loos)和亨利·文·德·菲尔德(Henry Van de Velde)等。由于这些运动对传统保守观念的猛烈攻击,使得现代设计思想在理论上得以大张旗鼓的宣传。

另一条路线是德国的米夏尔·托奈特(Michael Thonet)提出的。他以他的实干精神解决了机械生产与工艺设计之间的矛盾,第一个实现了工业化生产,将现代家具推向充满历史主义复兴色彩的社会,而赢得了极大的声誉。托奈特的主要成就是研究弯曲木家具,采用蒸木模压成型技术,并于1840年获得成功,继此又于1859年推出了最著名的第14号椅,成为传世的经典之作。

威廉·莫里斯等艺术家,理论虽精,他们实际设计制作的家具尽管都是精品之作,但只是为君王、贵族和银行家少数人服务。而托奈特设计制作的家具为大多数人所使用，他的这种椅子，结构合理，用料适宜，价格低廉，从而满足了早期的大量消费需要。如图 5-80～图 5-88 所示。

图 5-80　德国托奈特设计的
第 14 号椅(1859 年)

图 5-81　德国托奈特设计的
第 209 号靠椅(1890 年)

图 5-82　英国莫里斯设计的
染成乌木色的桦木椅(1885 年)

图 5-83　英国高德温设计的
黑色栎木椅(1885 年)

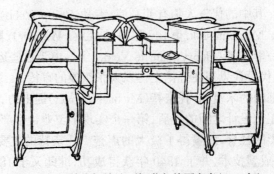

图 5-84　比利时亨利·文·德·菲尔德写字桌(1900 年)

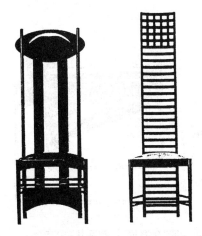

图 5-85　英国麦金托什设计的
坐椅(1897 年、1902 年)

图 5-86　西班牙高迪设计的
住宅双坐椅(1905～1907 年)

图 5-87　英国麦金托什设计的
D.S.4 椅(1918 年)

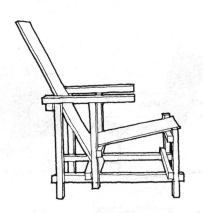

图 5-88　荷兰里特维尔德设计的
红蓝椅(1918 年)

二、现代家具形成和发展时期(1918～1938 年)

1919 年 4 月瓦尔特·格罗皮乌斯(Walter Gropius)被任命为由"魏玛艺术院"和"魏玛艺术工艺学校"合并而成的"国立包豪斯学院"的院长,由此开创了著名的"包豪斯运动"。它不仅是一个新艺术教育的机构,同时又是新艺术运动的中心。

包豪斯运动的宗旨是以探求工业技术与艺术的结合为理想目标,它决心打破 19 世纪以前存在于艺术与工艺技术之间的屏障,主张无论任何艺术都是属于人类的;它不仅为了满足人们在形式上,情感上的要求,同时也必须具有现实的功能。包豪斯运动不仅在理论上为现代设计思想奠定了理论基础,同时在实践运动中生产制作了大量的现代产品;更重要的是培养了大量具有现代设计思想的著名设计师,为推动现代设计做出了不可磨灭的贡献,其家具如图 5-89～图 5-106 所示。

第五章　家具设计风格及范例

图 5-89　德国布劳耶"S"形钢管椅(1928年)

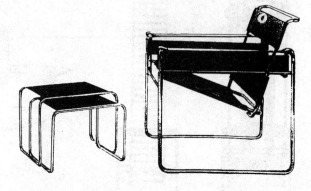

图 5-90　德国布劳耶"瓦西里"椅和茶几(1925年)

图 5-91　德国布劳耶"S35L"椅(1928年)

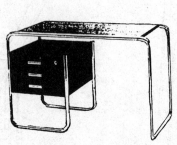

图 5-92　德国布劳耶"S286"写字台(1928年)

图 5-93　荷兰斯塔姆"S33"椅(1926年)

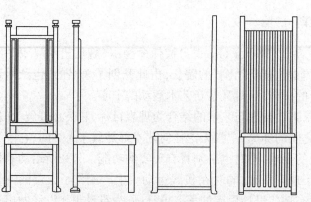

图 5-94　美国赖特设计的与住宅配套的坐椅(1908年)

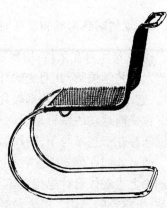

图 5-95　德国密斯·凡·德罗"MR"椅(1926年)

图 5-96　德国密斯·凡·德罗
"巴塞罗那"椅（1929 年）

图 5-97　德国密斯·凡·德罗
"254"椅（1930 年）

图 5-98　德国密斯·凡·德罗
"241"椅（1931 年）

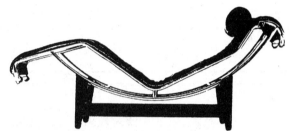
图 5-99　法国勒·柯布西耶
"LC4"躺椅（1928 年）

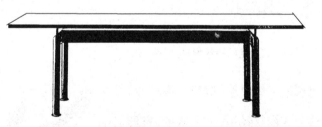
图 5-100　法国勒·柯布西耶"LC6"桌（1928 年）

图 5-101　法国勒·柯布西耶"LC2，LC3"
钢管、皮革软垫沙发（1928 年）

图 5-102　法国勒·柯布西耶
"LC1"椅（1928 年）

图 5-104 芬兰阿尔瓦·奥托弯曲层压木绷带椅（1935～1939 年）

图 5-105 芬兰阿尔瓦·奥托椅（1954 年，用弯曲实心木胶合成型，椅面用皮革包成一定的曲度）

图 5-103 丹麦卡雷·克林特沙发椅（1933 年）

三、现代家具高度发展时期（1945～1970 年）

战后的欧洲，急需恢复经济，重建城市，家具工业一时没有力量开发新的构思和研制新的材料。而在战时，一大批优秀的建筑师和家具设计师被迫自欧洲迁至美国，加上美国拥有的财力及在战争中飞快发展的工业技术，自然而然地使美国成为战后家具设计和家具工业发展的先进国家。

随着新材料的不断产生和新工艺的研制，现代家具走上了高度发展时期，如胶合板、层压板、玻璃钢、塑料等等新材料的产生及相应的新工艺，生产出了大量的概念全新各式家具。

图 5-106 美国哈陶"哈陶"椅（1938 年）

20 世纪 60 年代初，欧洲工业已经恢复了他失去的地位，进入高速增长的阶段，这种在美国完善及高度发展的现代家具之风，反过来对欧洲产生巨大影响，同时也推动欧洲家具工业的发展，北欧、德国、意大利都相继登上欧洲家具制造业的先导地位。

其家具如图 5-107～图 5-164 所示。

图 5-107　丹麦魏格纳"JH501"柚木椅(1949 年)　　图 5-108　丹麦芬·焦尔柚木安乐椅(1945 年)　　图 5-109　丹麦拉森"1638/Tr"柚木椅(1957 年)

图 5-110　美国伊姆斯餐椅(1946 年)　　图 5-111　美国伊姆斯"670"休闲椅和"671"脚凳(1957 年)

 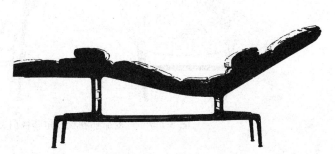

图 5-112　美国伊姆斯"La Fonda"椅(1960 年)　　图 5-113　美国伊姆斯"ES106"躺椅(1969 年)

图 5-114　美国帕拉特纳"1705"椅和"1709"脚凳（1964～1966 年）

图 5-115　美国伊姆斯钢丝网架椅（1951 年）

图 5-116　美国皮托阿"424"钢丝网架休息椅（1952 年）

图 5-117　丹麦那那和狄兹尔藤椅（1950 年）

图 5-118　意大利阿尔比尼藤休息椅(1951年)　　图 5-119　德国阿爱门藤休息椅(1952年)

图 5-120　德国阿爱门藤休息椅(1957年)　　图 5-121　日本肯摩溪(1961年)

图 5-122　美国沙里宁"70"安乐椅和"74"脚凳(1945~1948年)　　图 5-123　丹麦尼尔逊和海维特"AX"椅(1950年)

第五章　家具设计风格及范例

图 5-124　瑞士爱欣贝尔格钢管藤包扶手椅(1955～1956 年)　　图 5-125　芬兰诺姆斯尼米椅(1959 年)　　图 5-126　德国阿爱门层压板椅(1950 年)

图 5-127　瑞典诺特斯特罗姆"145"椅(1957 年)　　图 5-128　丹麦杰可布森三腿钢管层压板椅(1952 年)　　图 5-129　丹麦杰可布森四腿钢管层压板椅(1955 年)

图 5-130　丹麦杰可布森"蛋"椅或"天鹅"椅(1958 年)　　图 5-131　丹麦杰可布森"4335"安乐椅和"4533"脚凳(1962 年)

图 5-132　丹麦魏格纳移门柜(木脚或钢管脚)(1957 年)

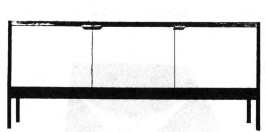
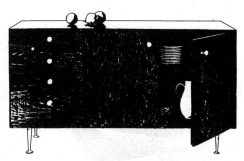

图 5-133　瑞士魏克林"Seriell
　　　　　(H110)"柜(1963 年)

图 5-134　美国纳尔松白瓷拉手
　　　　　柚木面板餐具柜(1951 年)

图 5-135　意大利朋梯白腊木
　　　　　与西班牙藤椅(1957 年)

图 5-136　意大利朋梯"1215"安乐椅
　　　　　(胡桃木和藤)(1964 年)

图 5-137　美国沙里宁椅(玻璃钢浇铸成型)
　　　　　(1956~1957 年)

图 5-138　美国卡斯帕里昂"700"沙发床(1951年)　　图 5-139　美国凡克尚沙发(1950年)

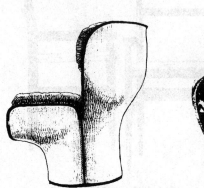 

图 5-140　德国希尔谢椅(1957年)　　图 5-141　法国鲍林"675"可折叠椅(1964年)

 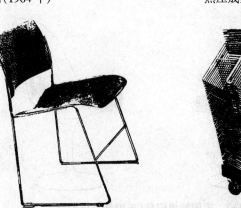

图 5-142　意大利科隆布玻璃　　　　图 5-143　丹麦潘通玻璃纤维、塑料
　　　　　钢沙发椅(1964年)　　　　　　　　　　热压成型(1960年)

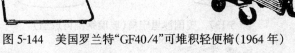

图 5-144　美国罗兰特"GF40/4"可堆积轻便椅(1964年)

图 5-145　德国培兹纳"BA1171"塑料可堆积椅(1964 年)

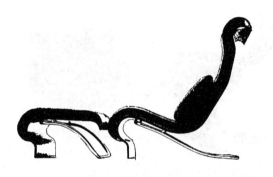
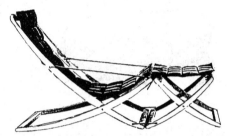

图 5-146　丹麦伍重"8101"安乐椅和"8110"脚凳(1969 年)

图 5-147　丹麦海立克·依凡森、海拉特·帕罗姆"PH76"躺椅和"PH77"脚凳(1964 年)

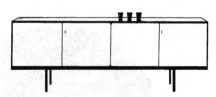

图 5-148　美国埃斯特尔和勒凡纳悬空长凳(1962 年)

图 5-149　德国福希斯长柜(1961 年)

图 5-150　意大利斯卡帕沙发(1968 年)

图 5-151　丹麦芬·焦尔椅(1964 年)

图 5-152　美国波罗克椅（1965 年）　　图 5-153　芬兰爱罗·阿尼奥玻璃钢坐椅（1967 年）　　图 5-154　意大利卡梯、波里尼、特奥陶罗"Sacco"袋椅（1969 年）

图 5-155　意大利派斯"Blow"充气椅（1967 年）　　图 5-156　芬兰科卡波罗椅（1965 年）

图 5-157　法国鲍林"596"安乐椅（1972 年）　　图 5-158　荷兰梯姆椅（1978 年）

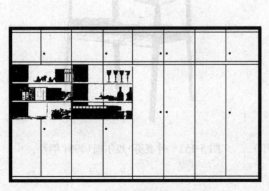 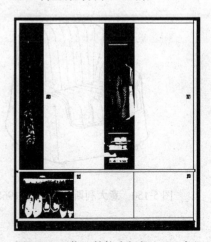

图 5-159　德国伏特勒柜（1964 年）　　图 5-160　荷兰勃拉克门柜（1961 年）

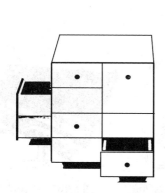 

图 5-161　德国希纳特抽屉柜(1970年)　　图 5-162　德国拉杰"2200"椅(1973~1974年)

图 5-163　意大利比来梯"Plia"折叠椅(1969年)　　图 5-164　瑞典潘尔松椅(1967年)

四、面向未来的多元时代(1970~　)

20世纪70年代,人类揭开了向宇宙进军的序幕。科技的高度发展,为人类社会的物质文明展示出一个崭新的时代,然而面对着这样一个充满着电子、机械高速运行的社会,人们的设计思想反而显得平乏、单调。基于人类的反思,自20世纪60年代中期,兴起了一系列的新艺术潮流,如"普普艺术"、"欧普艺术"等等,这些艺术思潮在设计界产生重大影响。"普普艺术"是相对于纯抽象艺术而论的一种大众化的写实艺术,在机械化社会环境中,"普普艺术"的丰富色彩和天真的造型为人们带来会心的微笑。那来势凶猛的"后现代主义"更是一针见血地批判着现代主义,充满着通俗的和有地方性的信息、怀旧、城市文化环境、装饰、表现、隐喻、公众参与、多元论和折衷主义。家具设计也在这一大的潮流下趋向怀旧、装饰、表现、多元论和折衷主义,摆在人们面前的是五彩缤纷、百花齐放的新天地。

家具图如图 5-165~图 5-181 所示。

图 5-165　意大利察诺索椅(1970 年)　　图 5-166　德国彼得·贝克和法朗克"614/1"椅(1974 年)　　图 5-167　德国萨帕尔椅(1978～1979 年)

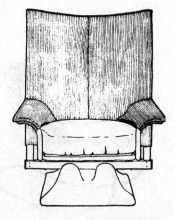

图 5-168　意大利阿希措姆和狄格耐洛可拆装休息椅(1973 年)　　图 5-169　美国格拉夫斯俱乐部休息椅(1984 年)

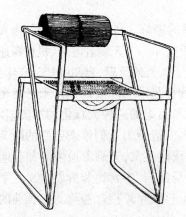
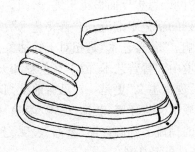

图 5-170　意大利马利奥·波塔钢板网椅(1982 年)　　图 5-171　挪威波得·奥泼斯维克平衡 2 级椅(1980 年)

图 5-172　美国米切·里尔松
游乐场椅(1984年)

图 5-173　美国罗伯特·文丘里
艺术装饰椅(1984年)

图 5-174　荷兰基杰斯·白克尔
条板拼合椅(1974年)

图 5-175　法国菲利浦·斯达克仿
铁制造型椅(1982年)

图 5-176　英国切伯林和克列斯梯昂
可旋转桌(1985~1986年)

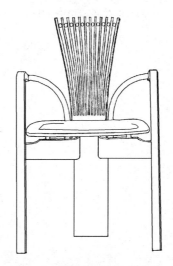
图 5-177　挪威特斯坦·尼尔森
图腾椅(1985年)

图 5-178　意大利埃佛拉和斯卡帕桄杆式椅(1981 年)

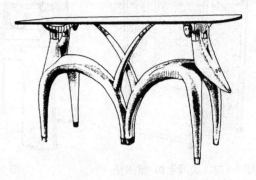

图 5-179　美国凯瑟里·米基狐狸与蜥蜴桌(1985 年)

图 5-180　美国迪克·维克曼古典韵味的扶手椅(1985 年)

图 5-181　法国勃劳会走路的桌子(1985 年)

第六章　室内陈设概论

一个室内空间如果没有陈设品，就像一本没有标点符号的书、一座没有山水石木的公园，将会是索然无味的。陈设品好比是室内环境的标点符号，它不仅能丰富室内空间层次，而且使空间更具有个性与特点。

从表面上看，陈设品的作用是装饰点缀室内空间、丰富视觉效果，但在实质上，它的最大作用是增进生活环境的性格和品质。它不仅具有观赏玩抚的作用，还有怡情遣性、陶冶性情的效果，而且有的室内陈设是属于表达精神思想的媒介，它也为人们提供直接的自我表现的手段，甚至有的艺术品陈设，其内涵已超越出美学范畴而成为某种精神的象征。

第一节　室内陈设沿革

从古至今，陈设品伴随着人类的进步而不断丰富与发展，从最早的纯实用性陈设逐渐发展到今天的各种实用、装饰性陈设。如史前就有的毛毯类纺织品、陶器、篮子以及非洲、大洋洲和北极人使用的器具，都是较典型的史前原始设计。这些以实用为主要功能的陈设品，代表了那个时期的文化，甚至拿它们同现代的设计相比，也毫不逊色。

在远古世界的古埃及时期，从墓室中的小样模型可以得知古埃及人生活的室内空间宽敞，但家具较少且轻便简单。而从王坟墓室出土的一些物品来看，古埃及王室的生活物品十分讲究，坐椅雕刻镶金、织物陈设色彩鲜明、典雅，如图6-1便是从古墓室出土的装饰座瓶和首饰盒盖。

古希腊的室内环境，则可从印有画面的陶器之类的陈设品中有所了解。其织物陈设有挂帘、垫子及罩套等，色彩鲜艳。此外，杯、盘、花瓶等都是室内重要的装饰品。在王室的墙上则画有装饰性的壁画。

古罗马的建筑风格及室内装饰，反映了古罗马人对奢华生活的追求，从家具、帷幔等室内陈设品中都充分表现出了奢华的风格，如图6-2所示。古罗马的剧场常在化妆室的墙面采用壁龛、雕像等装饰；在住宅中则常有鲜艳的壁画、三脚架和花盆，甚至还有雕像装饰。这一时期的陈设品选择、布置及室内环境的处理，都反映了奴隶主庸俗的趣味。

中世纪拜占庭时期的公元6世纪，由于丝织业的兴盛，室内的装饰织物应用比较多，如家具的衬垫、室内的壁挂以及分隔空间的帷幔等，多以丝织品为主，喜欢采用动物图案，表现出强烈的波斯王朝的特色。

12～15世纪的哥特式建筑，以教堂建筑最有代表性，其内部空间常采用精雕细琢的屏风分隔祭坛、歌台与平民教徒之间的空间。在节日里，则喜欢悬挂鲜艳的帷幔装饰空间，甚至用绣花绸布将柱子包裹起来进行装饰。哥特式的家具，也常采用亚麻布装饰，朴素庄重，住宅中的其他陈设品，也都与建筑风格十分协调，如图6-3所示。

到了文艺复兴时期，人们已开始有较为现代的观念。这一时期，也是由宗教的统治向人文主义的转折时期，其建筑风格是以古希腊、古罗马风格为基础，加上东方的和哥特式的装饰为部分形式，并运用新的表现手法而形成，室内陈设的风格与这一时期的建筑风格、室内装饰风格相一致，明显地可以看到意大利文艺复兴的思想。如较有代表性的柯赛·勒·内杜府邸（建于1518～1527年）的室内陈设，充满了各种织物陈设，如墙上悬挂的帘幔、床帷等，都表明了刻意追求舒适的观念。墙面、顶棚也常用绘画进行装饰。

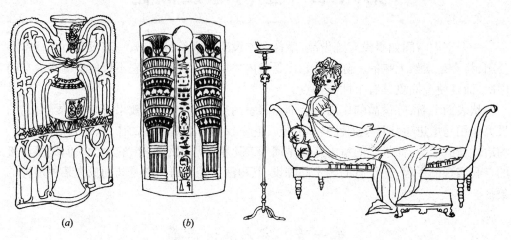

图6-1　古埃及墓室出土文物
(a)装饰座瓶；(b)与首饰盒盖

图6-2　古罗马贵妇人躺椅与灯架

图6-3　哥特式住宅室内装饰

巴洛克发端于意大利，其影响非常大，遍及整个欧洲大陆。巴洛克风格虽然脱胎于文艺复兴风格，但却有完全不同的特点，它是以浪漫主义精神为形式设计的基础，但是，它追求感观豪华和过于堆砌的室内装饰，如大面积的壁画和姿态做作的雕像，都透出矫揉造作的装饰手法（图6-4、图6-5）。

图 6-4　欧洲巴洛克风格的室内

图 6-5　英国巴洛克风格的室内

继意大利文艺复兴之后,出现了法国古典主义建筑并成为欧洲建筑发展的主流,这一时期的建筑最具代表性的是宫廷建筑。凡尔赛宫便是一个典型的古典主义建筑作品,其有名的"镜廊"墙面上安装了 17 面大镜子作装饰,檐壁上有花环雕塑、檐口上有坐着的小天使雕像。拱顶上则悬挂着 9 幅国王的史迹画,所有这些陈设品都透出豪华的气派,也表现出了当时的室内装饰的风格。

在此之后出现了洛可可风格,这一时期的室内装饰,反映了没落贵族的娇柔气质和无聊的生活。所有细部装饰柔媚、琐碎而纤巧。"墙上大量嵌镜子,张绸缎的幔帐,挂晶体玻璃的吊灯,陈设着瓷器,家具上镶螺钿,壁炉用磨光的大理石,大量使用金漆,等等。特别喜好在大镜子前面安装烛台,欣赏反照的摇曳和迷离。"❶坐垫和靠垫,则多以天鹅绒、印花丝绸、锦缎等纺织品为面料。色彩多以娇艳的颜色为主,如粉红、嫩绿等。总之,洛可可的室内装饰和陈设充满了浓重的脂粉气(图6-6)。

图6-6 欧洲洛可可风格

16世纪后半叶,受意大利建筑的影响,英国建筑也开始了所谓的文艺复兴时期。这时的室内装饰十分富丽,喜欢在墙上绘制壁画或悬挂一些肖像画,还常陈列一些表现祖先好勇尚武的剑戟、盔甲及兽头鹿角等等。

而16世纪日本建筑中出现的书院造,也十分讲究对陈设的布置,如中国式的卷轴画或书法,地上陈列的香炉、花瓶、精美的文房用具等等。

法国资产阶级革命时期出现的帝国风格,是拿破仑帝国的代表性建筑风格。这一时期所崇尚的是复古的形式,因此其室内装饰和陈设都讲究古色古香。

19世纪,欧洲大陆新的审美思潮即新艺术运动对室内设计、家具设计和陈设品设计方面影响很大,追求简洁、流线形的自由形式,装饰主题模仿自然界生长繁茂的草木形状的曲线,如灯具、玻璃器皿的设计,都体现了自然的风格。

到了20世纪前半期,四位建筑设计大师开拓了现代建筑的新领域,做出了辉煌的贡献,室内设计也受到极大影响。赖特的有机建筑,创造了开放、流畅、交融的空间,他设计的室内环境温暖宜人,注重每一个方面和细节,如一些家具、灯具甚至小块地毯都由他亲手设计。格罗皮乌斯设计的魏玛包豪斯学校校长办公室,装饰有小地毯、壁挂、灯具等等。由包豪斯制作车间发明制作的灯具及格罗皮乌斯自己设计的家具,都充分体现出了包豪斯的美学观点。勒·柯布西耶的美学观点则是追求机器般的造型,这种艺术趋向被称为"机器美学",他所设计的建筑空间十分复杂,但体型、装饰及陈设却十分简单。密斯·凡·德罗最著名的设计哲学"少就是多",则影响着他的室内设计,所有陈设品、装饰品都被减少到了最低限度。

20世纪60年代以后,现代建筑越来越重视建筑物和环境对人的感情上的影响,因

---

❶ 陈志华.外国建筑史.北京:中国建筑工业出版社

此十分强调空间的处理,陈设品的布置也更注重人情味,使室内环境能提供给人一个更为舒适的场所。如美国著名建筑师约翰·波特曼设计的艾姆巴卡迪罗中心海亚特摄政旅馆,运用一些体现大自然的陈设,如喷泉、绿化、音乐雕塑,甚至一笼笼鸟,把人造的环境和人们的心灵联系起来。图6-7所示为该旅馆共享大厅。

在我国悠久的历史中,室内陈设内容多、品位高,如纺织品、陶瓷、玉器、青铜器、文房四宝、字画、盆景等等,都是很好的室内陈设品。有名的彩画漆器,是我国重要的工艺美术品之一,最早出现在距今七千年左右的浙江余姚河姆渡原始社会遗址中出土的木胎漆碗和漆筒。明代时期的雕漆、填漆、金漆、螺钿漆器等,都是十分精湛的。又如中国最早用以分隔室内空间的方式就是使用活动的帷帐、帘幕和屏风,这是我国古代织物陈设与室内空间结合的最好

图6-7 海亚特摄政旅馆共享大厅

例证。在反映商代后期制玉水平的殷墟"妇好"墓出土的近六百件玉器中,品类很多,其中装饰品和艺术品三百多件,礼器、仪仗用器二百多件,实用品约六十件,由此我们可以得知在古代就有装饰性陈设和实用性陈设,并且应用十分广泛(图6-8)。

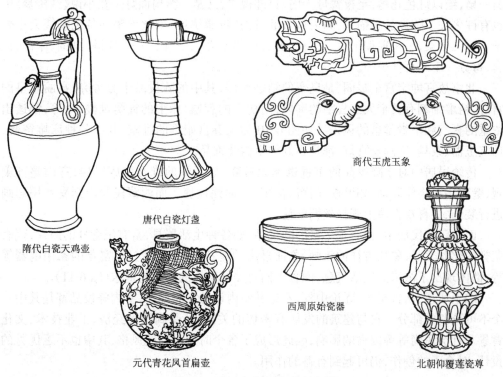

图6-8 我国古代的各种陈设品

中国传统的室内设计风格，较讲究端庄的气质和丰华的文采，以及丰富的内涵。因此，从家具的陈列到陈设品的布置，常采用对称均衡的手法来达到稳健庄重的效果。并且常通过室内陈设品，如古玩、字画、牌匾、题识等的布置创造含蓄、清新、雅致的境界，所有这些设计，表现出了中国传统礼教精神的影响，以及传统生活的修养（图6-9）。

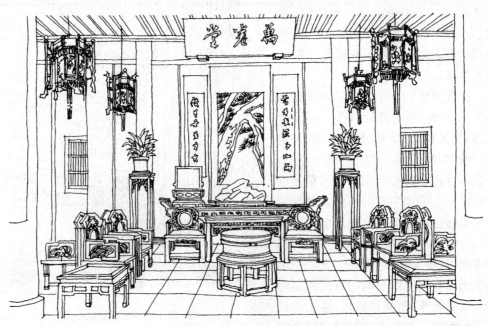

图6-9　苏州网师园万卷堂

在留传下来的古书中也有不少对室内陈设品的描述，如清代李渔所著《一家言居室器玩部》一书中便有这样的阐述："花瓶盆卉，文人案头所时有也……"，"此窗若另制纱窗一扇，绘以灯色花鸟，至夜篝灯于内，自外视之，又是一盏扇面灯。"在小说《红楼梦》中也有许多关于陈设品的描写，如为过节准备的"妆蟒绣堆、刻丝弹墨并各色绸绫大小幔子一百二十架，……猩猩毡帘二百挂，五彩线络盘花二百挂，……，椅搭、桌围、床裙、桌套，每分一千二百件……。"

北京故宫坤宁宫东暖阁，是皇帝的结婚洞房，其中的陈设品十分考究，富丽堂皇的宫灯，精雕细刻有烫金大红喜字的屏风，门枋上的牌匾，床上的锦绣帷幔，等等，都透出浓重的喜气和华贵堂皇的风采。如图6-10为长春宫妃嫔的卧室，其中各种床帷帘幔、珠宝玉器、茶具、字画及宫灯，都是很好的室内装饰品。

传统民居中对于陈设品的布置也不无考究，如新疆的维吾尔族民居，室内整齐美观，壁面用织物作装饰，如壁毯、门帘、窗帘，地面铺地毯。而西藏民居内则喜欢用彩画进行装饰，还喜欢在墙上张挂丝绸壁毯。

而在汉族民居中，也有很丰富的陈设品，如各种生活器具，富有纪念性的照片，代表荣誉的奖状奖品，象征吉祥的年画，象征喜庆的窗花，象征生活日益富足的家用电器等等，都体现出了浓浓的生活气息，饱含人们对美好生活的渴望与追求（图6-11）。

综上所述，从古至今，无论中外，不论其室内设计发展如何，室内陈设品都是其中一个不可分割的部分。它与建筑的发展有密切的关系，还受到国民经济、工业技术、文化背景及社会风尚等等因素的影响，因此形成了各个时期不同的风格，其中也不乏优秀的设计，对今天的创作，仍可起到有益的作用。

图 6-10　北京故宫长春宫妃嫔卧室

图 6-11　普通家庭室内陈设

第二节　陈设品在室内环境中的地位和作用

室内陈设品是室内环境中十分重要的一部分,人的活动离不开陈设品。室内环境中只要有人生活、工作,就必然有或多或少的、不同品类的陈设品。空间的功能和价值也常常需要通过陈设品来体现,因此,陈设品不仅是室内环境中不可分割的一部分,而且对室内环境的影响很大,作用很大。

一、加强空间涵义

一般的室内空间应达到实用、舒适、美观的效果,这是最基本的要求,较高层次或有特殊要求的空间,则应具有一定的内涵和意境,如纪念性建筑空间、传统建筑空间、一些重要的旅游建筑等等,常常需要创造特殊的氛围。如重庆"中美合作所"展览馆烈士墓地下展厅,大厅呈圆形,周围墙上是描绘烈士们英勇不屈的大型壁画,圆厅中央顶部一束天光照射而下,照在几条长长的悬挂着的手铐脚镣上,使参观者的心为之震撼。在这里,手铐脚镣成了陈设品,它处于整个环境的中心,加强了空间的深刻涵义,起到了教育后一代的作用(图6-12)。

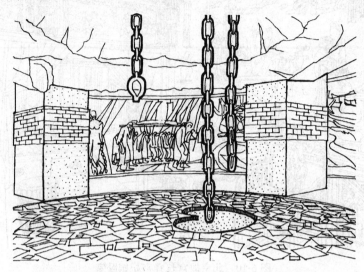

图6-12 重庆"中美合作所"展览馆地下展厅

又如图6-13、图6-14所示为宾馆餐厅室内空间,帆船模型和壁饰喻义着客人旅行在外一帆风顺的涵义,使人感觉吉祥、顺利。

图6-13 宾馆餐厅室内空间

二、创造及烘托环境气氛

不同的陈设品,对烘托室内环境气氛起着不同的作用,如欢快热烈的喜庆气氛、亲切随和的轻松气氛、深沉凝重的庄严气氛、高雅清新的文化艺术气氛……等等,都可通过不同的陈设品来创造和进一步烘托。中国传统室内风格的特点是庄重与优雅相融合,常用一些书法、字画、古玩创造高雅的文化气氛,也常采用令人目不暇接的满堂刺绣、桌帏和椅披椅垫,来创造出喜庆节日时的欢乐气氛。现代室内空间,常采用色调自然素静的陈设品创造宁静的气氛。

如图6-15为巴黎地铁车站候车厅,厅内布置的一组人体雕塑,简洁大方,使交通建筑室内空间具有一定的文化艺术气氛。

图 6-14 宾馆酒吧室内空间

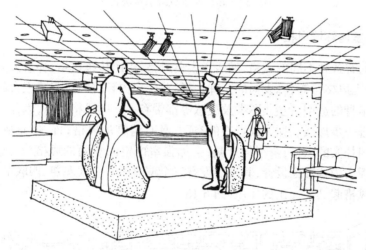

图 6-15 巴黎地铁候车厅

如图 6-16 所示为某宾馆餐厅雅间，墙上的壁画主题明快，线条柔美，给室内环境创造出了一种轻松随和的气氛，有助于提高客人的进餐情绪。

图 6-16 某餐厅雅间

如图 6-17 是北京亚运村游乐宫快餐厅,该餐厅是在大空间中利用柱、花台划分出的一个半开敞空间,顶棚周围一圈悬挂的红灯笼,既起到了加强空间限定的作用,又创造出了欢快的气氛。

图 6-17　北京亚运村游乐宫快餐厅

三、强化室内环境风格

室内空间有各种不同的风格,如西洋古典风格、中国传统风格;朴素大方的风格、华丽的风格、乡土风格等等,陈设品的合理选择,对于室内环境风格起着很大的影响作用,因为陈设品本身的造型、色彩、图案及质感等都带有一定的风格特点,因此,它对室内环境的风格会进一步加强。如字画点缀的空间,具有清雅的风格;竹、藤编制的陈设品具有较强的民间朴实的风格;豪华的灯具,会加强室内空间华丽的风格特点,如彩图 50。又如天津某饭店中式餐厅设计,其端墙设有三个壁龛——中式花瓶、四联书法等都为强化中式传统风格起到了突出的作用(图 6-18)。

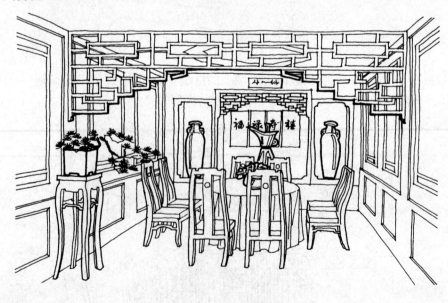

图 6-18　某饭店中餐厅

又如图 6-19 所示的北京某饭店休息区,以大幅书法"静"、"竹"点缀空间,加上竖琴的布置,使空间具有清雅的风格,透出超然脱俗的气质。

图 6-19　某饭店休息区

如图 6-20 所示的北京某饭店内过廊中的门厅,入口上方悬挂的宫灯,用景泰蓝花盆栽种的花木等点缀空间,使门厅具有浓郁的民族风格和祥和的气氛。

图 6-20　某饭店内过廊中的门厅

在餐厅室内设计中,常常会见到一些透着浓郁乡土气息的设计,而这些风格的体现,也往往是通过一些具有代表性的或地方特色的陈设品来实现。如图 6-21 所示的上海都城大排档周庄厅,其墙上悬挂的草编蓑衣,展现了一幅朴实的渔村小景。图 6-22 所示为北京新世纪饭店风味餐厅中的陈设品,石磨、酒坛及"账房先生"为空间增添了几分亲切的气氛,使人感受到乡间的风味,又感觉生动有趣。

四、柔化空间,调节环境色彩

随着建筑技术的发展,随处可见的是由钢筋混凝土、大片的玻璃幕墙、光洁的不锈钢等金属材料充斥的室内空间,这些材料的质感所表达出的刚强、冷硬,使人有疏离感,陈设品的介入,使空间有了生机和活力,也更加柔和,如织物的柔软质地,使人有温暖亲切之感,室内陈列一些生活器皿,如茶具、酒具等,使空间更富人情味,布置几盆花卉植物,既使空间增添几分灵气,又使环境色彩丰富。如彩图51所示的中庭空间,正是五颜六色的彩带令空间柔和而生动。彩图52所示的空间,着意表达的是粗犷朴实的效果,因此大面积采用粗糙的石材、砖为墙体材料,为了使空间在统一之中有变化,桌上的鲜花改变了空间的沉闷感,花瓣鲜艳的色彩在空间中起到了点缀作用,其柔软的质地与墙面粗糙的材料形成强烈的对比,使空间刚中有柔。

图 6-21 上海都城大排档周庄厅

图 6-22 北京新世纪饭店风味餐厅

如图 6-23 所示为英国杰斯特科度假村厨房空间,虽然半开敞的空间打破了传统的分隔方式,使人在其中操作不至于感觉太沉闷,但案台上的一瓶鲜花仍起了很大的作用,它的出现令空间更丰富而有趣。

图 6-23　厨房空间

五、反映民族特性及个人爱好

有的室内陈设品具有强烈的民族特点和地方风情。室内环境所处地方不同,也会在陈设品上表现出不同的特点。如青海塔尔寺,地处西北高原,其寺内采用悬挂的各种幛幔、彩绸顶棚、藏毯裹柱等来装饰空间,一方面对建筑起到了防止风沙侵蚀的保护作用,另一方面也形成了喇嘛教建筑的独特风格。彝族常将葫芦作为他们的图腾崇拜而陈列在居室中的神台上;传统汉族民居中太师壁前陈列的祖宗牌位、香炉、烛台等陈设,表达了对先辈的尊敬与怀念。这些都代表着不同的民族特点。

陈设品的选择与布置,还能反映出一个人的职业特点、性格爱好及修养、品位等,也是人们表现自我的手段之一。如猎人的小屋,陈列着兽皮、弓箭、飞鸟标本等,便能表达出主人的职业特点以及他的勇敢性格。如图 6-24 中我们不难得知主人对于古玩有强烈的爱好,将自己的收藏品恰到好处地陈列于室内,使空间别具一格。

图 6-24　室内陈设

六、陶冶情操

格调高雅,造型优美,尤其是具有一定内涵的陈设品陈列于室内,不仅起到装饰环境、丰富空间层次的作用,而且还能怡情遣性,陶冶人的情操。这时的陈设品已超越其本身的美学价值而具有较高的精神境界,如有的书法作品、奖品等等,都会产生激发人向上的精神作用。

总而言之,陈设品是室内环境中重要的组成部分,在室内环境中占据着重要的地位,也起着举足轻重的作用,当我们在着手进行一个空间的设计时,应同时将陈设品考虑进去,这样的空间才是丰富多彩、富有人性的空间。

第三节 传统文化与室内陈设

室内陈设品具有强烈的地域性特色,受传统文化和地方文化的影响非常大,中国地域广阔,民族众多,各民族、各地区的风土人情、民俗文化各有特色,这些地方文化和民族风格均会表现在室内陈设品的布置与装饰上,尤其在全球一体化进程日益加快的今天,人们更意识到应保护本民族文化,树立本民族的文化形象。在高技术的现代建筑中,要注重高情感的设计,就要重视室内陈设环境的设计;要立于世界民族之林,就必须要挖掘本民族的传统文化,创造既有民族特色,又富时代气息的室内环境。

室内设计作为设计艺术中的一个门类,它能清楚而具象地记载人类发展的历史和文化的痕迹。作为室内环境中的重要组成部分的陈设品,则更能将传统文化、地方文化表现出来。当我们面对那些雕刻精美的门窗家具,青铜工艺中的玉石镶嵌,汉代精美绝伦的漆器、织锦、铜镜,宋瓷典雅朴素的风格、细腻的胎质,明代家具优美、简练的造型,使现代人无不为之精湛的工艺和完美的艺术形象而惊叹,它们饱含了古人的智慧和才华,也具有强烈的文化内涵。

传统建筑中的陈设品,如各种劳动工具、青铜器、漆器、陶瓷器、纺织品、家具、剪纸、香包、春联、书法、蜡染、年画等等,均是某个时代、某个地域的历史文化及审美文化的缩影。

中国很多传统手工艺品长期使用龙凤虎狮等作装饰题材,借鱼表示富裕,以鱼和莲表示多子多福等等;民间常用蓝印花布作床单被面、蚊帐、门帘等室内陈设品,图案题材丰富,如狮子滚绣球、鲤鱼跳龙门、鹿鹤同春、喜鹊闹梅等等,都表现出特定的传统文化内涵和浓郁的民间文化色彩。

又如,传统民居堂屋正墙上悬挂大幅山水花鸟、治家名言等中堂画轴,其左右两侧悬挂名家书法楹联,长条案桌摆放其正下方,上置寓意"终身平静"的座钟、瓶和镜子。厅堂两侧的木板墙上还悬挂字画,木柱上挂左右对称的木质楹联等,其余桌椅等家具也按轴线对称布置,维持家族的长、幼、尊、卑,这些均反映了中国传统礼教的影响,同时也反映了古人追求平静幽雅的生活、崇尚与自然界的和谐、"天人合一"的文化内涵,也是家庭文化的象征。如图6-25中某民居堂屋家具与陈设的对称布置表现了中国传统文化内涵。

中国传统室内空间中竹帘的运用及演化,则具有历史文化的深深印迹,其特有的隔中有透、实中有虚、静中有动、意境幽远的婉约之美与中国文化的审美情趣连在了一起。

中国传统文化博大精深,古人为我们留下了许多宝贵的文化遗产,能表现传统文化的室内陈设品也丰富多彩,在现代室内设计中,我们应深深植根于本民族优秀传统文化的沃土中,深入挖掘,仔细研究本民族的陈设文化,同时了解世界其他民族的传统文化和室内陈设文化,借鉴外域文化中有用的东西,才能更好地继承和发扬优秀文化传统,创造出既富时代气息,又具传统韵味的陈设环境。

图 6-25　传统空间的家具与陈设

第七章 室内陈设的类型及其与环境的关系

第一节 室内陈设的类型

室内陈设包含的内容很多,范围极广,概括地说,一个室内空间,除了它的墙、地面、顶棚以外,其余的内容均可称为陈设。也有一种观点认为家具不应划入陈设品范围内。不管怎样,陈设品的范围已十分清楚了。概括起来可包括两大类,即功能性(或称实用性)陈设和装饰性(也称观赏性)陈设。图7-1是多见的室内陈设品。

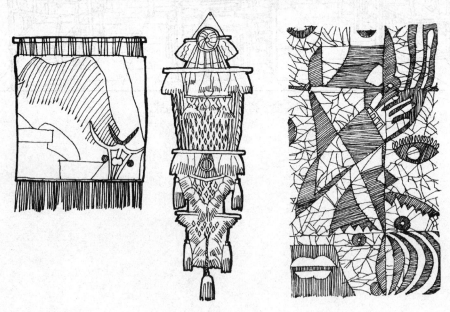

图 7-1 各种陈设品(一)

功能性陈设是指具有一定实用价值且又有一定的观赏性或装饰作用的陈设品,如家用电器、灯具、器皿、织物、书籍、玩具等等,它们既是人们日常生活的必需品,具有极强的实用性;另一方面,又能起到美化空间的作用,如家用电器,代表了现代科学技术的发展与进步,它造型简洁、大方,装点于室内,使空间具有强烈的时代感。灯具是室内照明不可缺少的用具,灯具及灯罩的造型、色彩、质感千变万化、花样繁多,可适于不同的空间,既能照明,又装点美化室内环境。又如小孩的玩具,也属于实用性陈设,玩具的色彩鲜艳,造型活泼可爱,同样可装点室内空间,使空间显得活泼而富有童趣。由此可见,功能性陈设主要以实用为主,首先应考虑的是实用性,如灯具应具有所需的足够亮度;钟应当走时准确并易于辨认钟点。它们的价值应首先体现在实用性方面。

装饰性陈设是指本身没有实用功能而纯粹作为观赏的陈设品,如绘画艺术品、雕塑、工艺品等等,这些陈设品虽没有物质功能,却有极强的精神功能,可给室内增添不少雅趣,陶冶人的情操。如雕塑、摄影等作品,属于纯造型作品,在室内常能产生高雅的艺术气氛。又如鸟兽标本,它能美化环境,使空间散发出大自然的气息,而且它美丽的色彩和羽毛,又有很强的观赏性。

第一节 室内陈设的类型

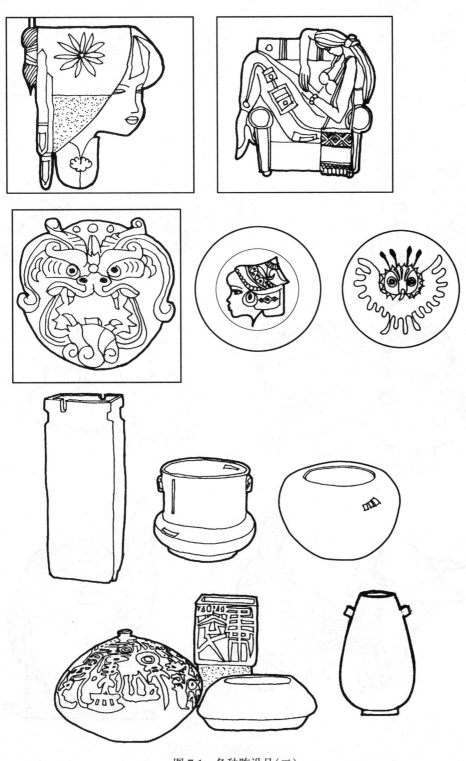

图 7-1 各种陈设品(二)

第七章 室内陈设的类型及其与环境的关系

图 7-1 各种陈设品(三)

第一节 室内陈设的类型

图 7-1 各种陈设品(四)

第二节 功能性陈设与装饰性陈设

一、功能性陈设的分类与作用

室内凡是具有实用功能的陈设都属于功能性陈设的范围,内容极为广泛,但大致可分为以下几类。

(一)灯具

灯具是每个室内空间都需具备的陈设品。一个室内空间不能仅仅依靠自然采光,还必须采用人工照明,因为人工采光容易随意控制照度,用光线创造不同的氛围。在当今时代,灯具已不是单一的照明用具,而是美化室内空间的重要组成部分。

灯具大致可分为吊灯、吸顶灯、台灯、落地灯和壁灯,其中吊灯和吸顶灯属于一般照明方式,落地灯、壁灯属于局部照明方式,一般的室内空间多采用混合照明方式,亦即一般照明与局部照明相结合的布局。

在选择灯具时,需要考虑的是实用性,光色,灯具的风格——造型、色彩、质感及与环境的协调一致。

1. 实用性:这是选择灯具首先需要考虑的问题,它所具有的亮度必须与空间的要求相符合,如商场、图书阅览室、家庭起居室,应该有较明亮的光线,要求灯具的照度较高,而餐厅、酒吧、卧室则应采用照度稍低且柔和的光线,公共走道,则可采用照度较低的灯具。

2. 光色:光色对于室内环境色彩与气氛影响很大,如暖色光给人亲切、温暖之感,冷色光给人冷漠宁静之感。因此在选择确定灯具的光色时,应充分考虑室内空间的功能和气氛,如商场空间,暖色光显色指数较低,使顾客不易看准商品的颜色,一般宜采用接近日光的日光灯。医院病房若采用冷色光对病人的情绪会有影响,因此以给人温暖感的暖色光为宜。酒吧、餐厅是进餐之处,应使人保持良好的就餐情绪,因此不宜有刺眼的光线,而应采用柔和的暖色光,如彩图53。舞厅应营造热烈欢快的气氛,因此多采用五颜六色的灯光,还可使其不停闪烁,造成扑朔迷离的效果。

3. 灯具的风格:灯具是房间照明的重要工具,因此它也成了环境中一件重要的陈设品,它的风格应与室内环境风格相协调。

灯具的组成除了灯源外,还有灯座(架)、灯罩,这些部分由不同的材料构成,它们共同组成的灯具,便具有一定的风格,在选择时应仔细斟酌。如大型的豪华枝型吊灯,它适合于空间大的餐厅、宴会厅、宾馆大堂等室内空间,如图7-2所示。简洁、小尺度的吊灯、吸顶灯适合于较小空间的酒吧、居室等。壁灯一般适于卧室、客房或一些餐饮空间创造气氛之用,台灯则是作为局部照明的方式而用于休息空间或工作台上。由此可见,房间造型的风格和气氛直接影响着灯具的选择。较正规的房间,其灯具可以简洁,也可以较丰富,但色彩和质地应显示出华贵的气质,以与正规的室内装饰相协调。非正规性的房间,灯具不宜太华丽,可多选用手工材料如木、陶、铜、玻璃等制作的灯具。

当室内选用了几种形式的灯具,应使它们相互协调。如果所有灯具选相同的式样势必单调,通常较可取的方法是选用不同的灯具形式,而使其部件的制作材料或色彩相同,以产生统一感。但有时强烈的对比也能产生很好的效果。

(二)织物

室内织物陈设是伴随着社会的发展和科学文化的进步不断地演变而逐渐形成的。它的发展是社会文明的标志之一,是艺术与技术结合的产物。

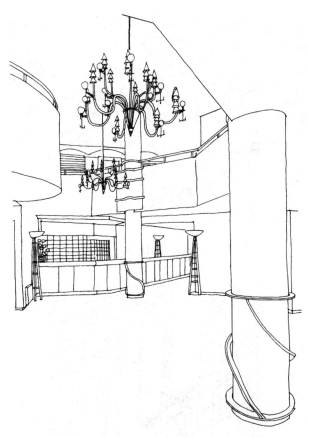

图 7-2　饭店大厅吊灯

在我国悠久的历史中,从宫廷到民居,从神殿到庙宇,纺织品的运用由来已久。中国最早用以分隔室内空间的方式就是使用活动的帷帐、帘幕和屏风。如《华夏艺匠》一书中就有对古代帐幔运用的论述:"长者、尊者在榻上施帐,布幔作帐,既在高大的空间中限定了一个宁静的小空间,又显示了长者的尊严"。

随着经济技术的发展,织物陈设的运用越来越广,它不再仅仅作为满足人的生理需要,同时它也作为美化居住环境和满足精神功能的需要。尤其是在当今科学技术日新月异的年代,建筑材料的变革、机械加工产品的广泛运用,使得现代建筑空间缺少亲切感、温暖感,使人感到冷漠乏味。织物陈设以其独特的质感、色彩及现代设计所赋予的新颖造型来美化环境、柔化空间,重新把温暖带回建筑,使室内空间更富有人情味,从而创造现代人真正需要的生活空间。

织物陈设是室内设计的重要组成部分之一,它包括地毯、墙布、织物顶棚、窗帘帷幔、各种家具蒙面材料、坐垫靠垫、装饰壁挂等等,内容十分丰富,覆盖面也很大,既有实用性,又有很强的装饰性。如图 7-3 所示为北京新世纪饭店中庭休息区,地面铺以带曲线图案的地毯,起到了限定空间的作用,其优美的图案舒展自然。

图 7-4 为北京亚运村游乐宫入口大厅,从顶棚悬挂而下的彩雕帷幔,具有很强的导向作用。

图 7-5 为北京亚运村亚洲大酒店大堂内一角,花岗石的墙面与地面光洁、坚硬、墙面上悬挂的大幅挂毯,图案古朴,造型自然,使冷、硬简洁的空间有丰富的层次。

图 7-6 所示的居住空间中沙发上陈列的靠垫,则使空间更加舒适而随和。

图 7-3　北京新世纪饭店中庭休息区

图 7-4　北京亚运村游乐宫入口大厅

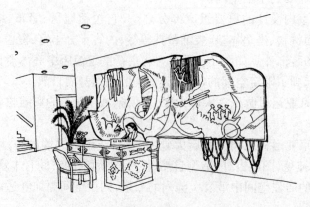

图 7-5　北京亚洲大酒店大堂一角

图 7-6 居室一角

纺织物的类型很多,品种丰富多彩,在室内设计中应如何进行织物环境设计,使室内环境趋于完善,则要考虑多方面的因素。人的生理特点和审美要求确定了他们离不开织物陈设,因此,织物对人具有物质和精神上的双重作用。

织物的色彩、图案、质地的不同处理,对人的生理、心理会产生不同的影响,尤其是织物的质地对人的影响是其他任何东西所不能达到的。根据人的生理特性可知,人对软、轻、暖、光滑的物质易接受,乐于接触,由于织物所特有的这种温暖柔软感的特性,使人的欲望得到满足,从而使心理获得平衡。但也应看到不同的人有不同的性格、志趣、文化修养,所需求的织物环境也有所不同,因此织物环境的设计应能反映个人的性格爱好。

此外,不同的环境对织物陈设也有不同的要求。作为室内设计重要部分的织物陈设,除应考虑个人的生理与心理特点外,还应与建筑的风格及室内整体环境协调一致,形成不同的风格特点。此外,用做不同用途的织物,在室内环境中也有不同的考虑,因此,我们应把握住设计的基本原则,对特定的环境进行分析,然后进行针对性设计。一般的织物环境设计,必须遵循三个基本原则:

(1)有基调:使室内环境形成一个统一整体。通常是由地毯、墙布和顶棚构成。

(2)有主调:主调多是家具装饰织物,使室内色彩有一个主要的色向。

(3)有强调:较小面积较有意义的物品,采用较鲜明的色彩、图案或质地,使室内有变化,增添活跃的气氛、如挂毯、靠垫等。

在日益追求精神生活的现代社会,织物陈设在室内设计中所起的作用越来越大,它们不仅可以分隔空间、柔和空间、遮光吸声,还能创造空间统一环境,形成优美的生活环境,以净化人的心灵,陶冶情操。然而,从目前许多建筑的室内设计来看,对于织物陈设在室内设计中的地位、作用及运用都未引起足够的重视。因此,我们在进行室内织物陈设设计时,应认真研究社会、研究消费者心理、研究现代人的生活要求与心理特点,借鉴古今中外的优秀设计,然后进行创新。

中国是文明古国,拥有许多优秀的传统艺术。在纺织业方面,更是如此。流传在民间的染织技术十分丰富,如苏绣、湘绣、蜀绣、粤绣是闻名中外的四大名绣,广东的潮汕抽纱、苏州的缂丝、贵州的蜡印花布、云南的云锦以及全国各地的民间刺绣、土布,都具有浓郁的民族风格和地方特色,是我们进行织物环境设计的丰富源泉。只有把握生活与艺术、技术的关系,兼顾人们对物质环境和精神环境两方面的要求,推陈出新才能创造出优秀的具有中国特色的室内织物环境。

1. 地毯：地毯的出现是始于数百年前，东方游牧民族把兽毛织成的毯子，放在帐篷里当作装饰品而来的。地毯一直到使用机械生产以后才被铺在地上使用。如今地毯的花色品种越来越多，也越来越普遍地被使用在许多公共场所、家庭，这是因为地毯有较好的弹性、保温、隔声等性能，使用起来很舒适。

任何房间地面所占面积都很大，使用地毯，就要选择好其色彩、图案和质地。暖色调地毯使房间显得小些，但感觉温暖；冷色调的地毯给人宁静，有宽敞感。在室内环境中，冷色地毯也是鲜艳色彩很好的陪衬。此外，色彩的实际表象也影响地毯的选择。很深或很浅的颜色往往比中间色更易显出脚印和尘土，在人流量大的地方，地毯就容易显露这种痕迹，因此宜选择颜色深浅适中、质地粗糙、弹性好的地毯。织有图案的地毯精致、色彩丰富，但应与空间整体风格协调，地板上的大图案尤其引人注目，在选择时应考虑一定的比例关系。

地毯的铺设有满铺、中间铺设和部分铺设。满铺法使地毯遮盖整个地面，主要可用素色及图案不大的连续花样的地毯，此种方法铺设的地毯不易更换，因此宜于选择耐脏且不褪色、耐久性好的地毯。中间铺设法是将地毯铺设在房间的中央部分，四周空出三十厘米左右，最适宜铺设镶边地毯，使整个房间充满典雅的气氛。部分铺设法是为了满足一些特殊的要求，在房间所需的部位作部分铺设，如铺在床边、沙发下、化妆台前等等。此外部分铺设法也可以起限定空间的作用，如彩图 53。用作部分铺设的地毯，以厚实的长毛质地比较合适，若采用动物皮毛，也可以获得良好的效果。

2. 窗帘：窗帘是室内实用性最强的织物陈设之一，也是任何房间中装饰的重要部位。最早的窗帘仅仅是用作防寒，到中世纪时，开始追求装饰效果。如今的窗帘，不仅在织物上选择范围广，而且在设计制作上也日新月异。不同色彩和形式的窗帘会使房间的气氛产生多种变化，起到丰富室内空间的作用。

窗帘一方面可调节室内环境的色调，另一方面遮挡阳光，提供私密性作用，还可掩盖建筑上的某些不足，具有很强的装饰性，使普通的房间变得引人注目，充满情趣，如图 7-7 所示。

图 7-7　窗帘可弥补不如意的窗户

用于窗帘的织物很多,如丝绸、棉麻、灯芯绒及人造织物如尼龙、丙烯酸纤维织物、人造丝、聚酯、合成树脂等等。因此,在选择织物时,除了与环境整体性的协调关系外,还应考虑适用性、耐久性、耐光、耐脏,易于洗烫等要求。此外,也应考虑室外的窗立面效果,窗帘色彩种类过多令人感到凌乱,过于单调又使人感到乏味。

窗帘在室内很容易成为视线焦点,因此窗帘的风格、式样、尺度、色彩、质感等都应慎重考虑(图7-8、图7-9)。例如窗帘的长短,在正规的或主要的房间内,窗帘可长至地板,在非正规的或次要的房间,窗帘可仅长至窗台口底边。各种长度的窗帘都可设或不设上部装饰(图7-10)。而颜色的选择,则应根据室内的整

图7-8 窗帘

体性及不同气候、环境和光线以及生活习惯来确定。图案是在选择窗帘时需考虑的另一重要因素。竖向的图案或条纹会使窗户显得窄长,水平方向图案或条纹使窗户显得短宽。碎花条纹使窗户显得大,大图案窗帘使窗户显得小。一般大空间宜采用大图案织物,小空间宜选用小图案的织物。此外窗帘的悬挂长度也影响图案的大小。

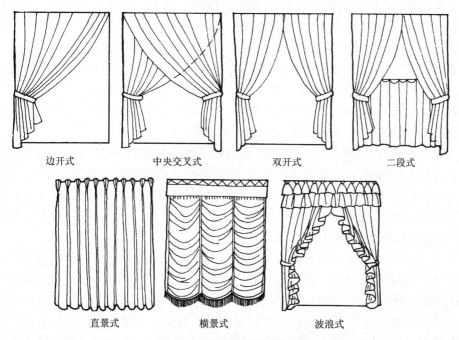

边开式　　中央交叉式　　双开式　　二段式

直景式　　横景式　　波浪式

图7-9 几种基本的窗帘形式

3. 用作家具蒙面材料的织物:家具装饰织物是织物陈设之一,它包括沙发椅套、桌布、床罩、床单等。家具装饰织物更进一步将家具形态之美表现出来。

在选择家具蒙面织物时首先应考虑的是质地结实耐磨、柔软、耐脏的功能要求,然后才是考虑美观要求。不同场合的家具,其面料的选择也有不同。一般家用沙发,可选

择各种长毛绒类织物、手感舒适的针织尼龙、立体感强的化纤织物以及各类色彩鲜艳、花纹图案鲜明的沙发面料,给人以舒适温暖之感。宾馆饭店的客厅和机场休息厅多采用华丽、气派的织物,如较厚的金丝绒、平绒、毛麻织物等,而一些较严肃庄重的空间则宜选用严谨、庄重的色彩、图案,多用深而素色的织物。

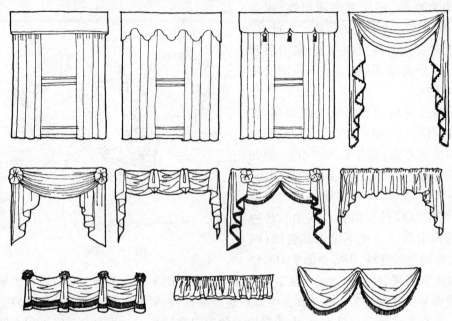

图 7-10　几种窗帘楣檐的形式

更换床罩、床单,是改变卧室面貌的最简单易行的办法。因为它与人的身体直接接触,应选用较为柔软的织物,如轻巧的棉织品、格纹棉布、印花棉布作床单等都会使人感到舒适。厚实的织物如灯芯绒、金丝绒、腈纶、毛麻织物等悬垂性好,能较好地体现家具的形态,因此可以作为床罩。在卧室中,床是主体,是中心,它的装饰对于整个室内环境形成怎样的气氛起着重要的作用。如果想获得柔和气氛,可选带花边或带穗的软质织物作床单或床罩,如果想获得传统的华贵风格,则可选用织锦绸缎作床罩。毛皮床罩则产生极为奢华的气氛,给人以感官上的极大享受。

桌布是家具蒙面材料之一。它的覆盖面积虽然相对较小,但却能起到锦上添花的作用。餐桌上铺的桌布,一般宜选用耐洗烫的织物,印花棉布即是理想的选择,但也注意餐桌是进餐处,桌布应给人以清洁感。餐桌桌布悬垂直长度一般以三十厘米左右为宜,否则过长会给人带来不便。装饰性较强的桌布悬垂一般长至地板,这样使桌子观感好,且使室内增添几分浪漫情调。

此外,选择的织物还应同家具本身的材料、造型相协调。虽然它并非家具结构的一部分,但应与家具的设计和材料恰如其分地联系起来。如果构架是比较高级、精致的材料,那么面料也应选用较为华丽、高贵的材料。若构架材料粗犷朴实,那么面料的选择也宜于采用较为粗厚、纯朴的设计。不过有时对比的设计也能产生极好的效果。低矮的家具造型,宜于选择条纹的或小图案的织物,造型高长的椅子、沙发,面料适于立体感强、花色较大的图案。

总之,家具装饰织物的选择要考虑的因素很多,其中与室内气氛的协调尤为重要。应根据具体情况,精心设计,使家具的表面装饰与艺术融为一体。

4. 用作床幔帷帐的织物:床幔帷帐,是床的一部分,它的运用,不仅为卧室增添柔和气氛,衬托出床体的美,而且使人有安全感,限定了一个睡眠空间,利于人们休息。

床幔帷帐的形式很多,这要根据个人爱好及环境需要来确定(图 7-11、图 7-12)。在织物的选择上,首先应考虑与床单、床罩协调,可用与床单、床罩相同的织物,也可用与之不同但协调的织物。此外,还应考虑采用悬垂性较好的织物。

图 7-11　各种形式的床帐帷幔

图 7-12　床帐围合了一个舒服的睡眠空间

5. 用作装饰艺术品及其他用途的织物:一个舒适宁静的室内环境,使人感到愉快,但我们却往往会感到缺少了一些能使室内气氛活跃、充满生气的点缀色。用作装饰品的织物陈设——挂毯、坐靠垫等,能起到补充室内色彩、气氛的作用,它们在室内织物陈设中占有特殊的位置。

现代艺术壁挂作为室内装饰重要饰物,已同空间、功能、建筑环境、审美价值等构成完整的设计综合体。建筑墙面与艺术情趣的默契配合,科学而高雅的设计已日益为现代建筑提供统一和谐的艺术效果。

壁挂具有柔化和美化室内空间的双重功能,它的运用,能为室内增添艺术气氛,在选用时应特别注意材料与工艺美感,即在装饰意义上,还应有较好的欣赏价值。遵循简洁明快的构成,整体、粗犷的艺术处理,在浓重的情意中透出强烈的装饰效果;应既有现代设计的理性,又有原始艺术犷达率真的特色。

坐、靠垫既有实用性又有装饰点缀作用。一间色彩统一的客厅常会显得平淡而缺乏生气,但如果加上几个五颜六色的坐垫,效果就大不一样了。室内的沙发、地毯上及床上都可以散放几个色彩艳丽的靠垫,适应人不同姿势的要求,调节坐具的高度、斜度,并增加柔软度,使人感到舒适、惬意,如彩图54所示。

"点缀色是室内装饰的精彩部分"。在室内织物陈设设计中,不可忽视这些虽小却作用大的装饰品织物。

(三)电器用品

目前,日益普及的电器用品已成为室内的重要陈设之一。电器用品包括电视机、电冰箱、音响、录像机、电话、电脑等,它不仅带给人各种信息,也更方便人的生活;不仅有很强的实用功能,也体现了现代科技的发展,赋予空间时代感。

一般电器用品造型简洁,工艺精美。在与家具的结合上一是考虑家具的尺度应与电器用品的作用要求相符合,二是家具的造型、风格等应与电器产品简洁的现代感的造型相协调。如电子计算机桌,其高度比普通书桌低,约六十五至六十八厘米,这是由于使用计算机的高度而定的。家电柜则应考虑到电视机的尺寸以及录像机、音响等的组合。

有条件的家庭,洗衣机、电冰箱应放在卫生间和厨房。如果卫生间、厨房太小,洗衣机可放在卧室或客厅内,电冰箱因散热及振动,一般不宜放在卧室,而多放在厨房或客厅、餐厅中,位置可在转角处或组合在家具中。

电视机和音响设备,不宜放在太高的地方以便于使用。电视机可专门配置一个机架,甚至可以直接放置在地毯上,因为人的视线在水平线以下10°时感觉最舒适。视距应合适,使观赏达到最佳效果。音响是听音乐之用,应考虑家人围坐欣赏的特点来布置,因此电视机、音响的放置都应考虑与沙发的关系。

电器用品结合一些小摆设陈列,会显得更为生动富有情趣。

(四)书籍杂志

书籍杂志也是部分空间的陈设品,如图书馆、办公室及居住空间。居住空间内陈列一些书籍杂志,可使室内增添几分书卷气,也体现出主人的高雅情趣。

大部分书籍都是存放在书架上,有少数自由散放。书架应能调整每格高度以适应各种尺寸的书籍。要想将书整理得很整洁,可按其高矮尺寸和色彩来分组,或相同包装的书分为一组。也并非所有的书都立放,有时将一部分书横放会显得更生动。书架上的小摆设应与书相互烘托而产生动人的效果。植物、古玩及收藏品都可以与书间插布置,以增强趣味性。

杂志通常是临时性的陈设,大多数杂志看过不久便处理掉了。对杂志收藏者来说储藏架是十分有用的,这种储藏架除有实用性外还具有装饰性。

(五)生活器皿

各种生活器皿如茶具、餐具、咖啡壶、杯、食品盒、花瓶、竹藤编制的盛物篮等等,都属于实用性陈设,这些陈设通常都有优美的造型和色彩,可成套陈列,也可单体陈列,使室内气氛很亲切,尤其是居住空间,更显示出浓浓的家庭气息。

生活器皿可由各种不同材料制作,如玻璃、陶瓷、塑料、木质、金属(金、银、铜、不锈钢)等,各种质地都有其独特的装饰效果,如玻璃晶莹剔透,陶器浑厚大方,瓷器洁静细腻,木质自然朴实,金属光洁华贵。这些生活器皿通常陈设于桌面、台面,也可采用柜架集中陈列。

(六)文体用品

文化用品包括文具用品、乐器和体育运动器械。文具用品也是书房中最常见的陈设品之一,如笔筒、笔架、文具盒和笔记本等。乐器除在与之相关的空间中陈列以外,一般在居住空间中陈列的较多。如爱好音乐的人,可将自己喜欢的吉他、电子琴、钢琴等乐器陈列于室内,既可怡情遣性、陶冶性情,又使居住空间透出高雅的气氛,如彩图 55 所示。体育运动爱好者,将网球拍、羽毛球拍、健身器材等置于室内,也使空间显出勃勃的生机。

(七)其他

还有许多日常用品可归入功能性陈设范围,如化妆品、烟灰缸、画笔、食品、时钟等等,它们都有各种不同的实用功能,但又使室内增色不少。如化妆品,造型美观,色彩淡雅;食品包装精美、色彩斑斓;时钟既能报时,又能装点环境,尤其是一只高大或祖传的钟,可以成为空间的视觉中心,而它报时的钟声或音乐声还能活跃空间气氛,如图(7-13)所示。

有时一些别出心裁的陈设,也会使空间收到意想不到的效果。如用漂亮的油纸伞代替吊灯灯罩,或将秋千吊在房架上,使室内增添许多童趣(图 7-14),也有将竹扇立在床头墙上,成为睡眠空间的重点装饰(图 7-15)。

图 7-13 室内时钟及其他陈设

图 7-14 室内一角　　　　图 7-15 墙上陈设

二、装饰性陈设的分类与作用

装饰性陈设是指本身没有实用价值而纯粹作为观赏的陈设品。它包括艺术品、工艺品、纪念品、收藏嗜好品、观赏植物等等。艺术品如绘画、书法、雕塑、摄影等,属于纯造型作品,在室内常能产生高雅的艺术气氛。其中个人嗜好品是最能表现一个人的性格与爱好。其中不乏作为室内陈设品的有邮票、古币、花鸟标本、玩具、民俗器物、字画等等。如图7-16所示二支大的象牙给空间注入曲线的动态之美。

图7-16 室内陈设

(一)艺术品

艺术品包括绘画、书法、雕塑、摄影作品等等,它们并非室内环境中的必须陈设品,但却因其优美的色彩与造型美化环境、陶冶人的性情,甚至因其所富有的内涵而为室内环境创造某种文化氛围,提高环境的品位和层次。

然而,如何选择合适的、人们乐于接受的艺术品,也许是室内设计中一个较为困难的问题。艺术品的陈设当然应表现空间的主题或烘托环境的气氛,若处于居住空间则应表现主人的情趣,而许多艺术品通常都有一定的主题涵义,因此,它们与房间的气氛通常应保持一致。传统中国画、书法等,其格调高雅、清新,常常具有较高的文化内涵和主题,宜于布置在一些雅致的空间环境,如书房、办公室、接待室、图书馆等。肖像画是非常正规的,因此宜与空间的其他陈设及装饰风格相一致(图7-17)。而一些静物画、风景画则较随意,适合于各种类型的空间。

画框应视为艺术品的一部分,其选择也应注意与艺术品的主题、风格相协调,一般古典风格的绘画可采用深色的较厚重的镜框,现代绘画则可采用造型简洁的画框。金属画框具有很强的现代感,适于现代绘画和一些摄影作品。

(二)工艺品

工艺品包括的内容较多,如木雕、玉石雕刻、象牙雕刻、贝雕、彩塑、景泰蓝、唐三彩等等,具有较高的文化和悠久的历史。我国传统的民间工艺品也有不少,如剪纸、布贴、蜡染、织锦、风筝、布老虎、香包等等,都散发着浓郁的乡土气息,也是室内环境中很好的陈设品。

林林总总的工艺品,造型或优美多姿,或自然纯朴,或质地晶莹剔透,或粗犷深厚,色彩或艳丽丰富,或朴素大方,有的甚至代表一定的文化和历史。

我国雕玉的历史可追溯到新石器时代。从出土的一些古代玉器来看,雕琢精美,甚至有的有"鬼斧神工"之妙,充分显示了我国古代劳动人民的智慧和才能。

图 7-17　室内的各种陈设

景泰蓝、唐三彩等等都是我国宝贵的文化遗产,在现代室内空间常采用这些传统的工艺品作为陈设品,如图 7-18 所示为北京新世纪饭店大厅一侧陈列的用玉石雕刻的帆船,雕刻工艺精巧,又有一定的喻义。图 7-19 为北京某饭店电梯厅入口两侧陈列的大型景泰蓝花瓶,体现出华贵的气氛。

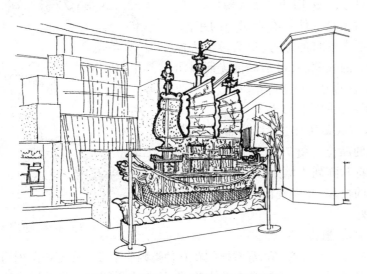

图 7-18　饭店大堂内陈设的玉雕帆船

(三)纪念品、收藏品

纪念品包括获奖奖状、证书、奖杯、奖品或亲朋好友赠送的礼品,世代相传的传家宝等等,具有纪念意义,而且它们对室内又有装饰的作用。20 世纪六七十年代中国家庭中最常见的装饰是墙上贴满了奖状,镜框中贴满了家庭成员的照片。这些都代表了一个家庭的追求和生活经历等。建筑师罗伯特·斯特恩(Robert Stern)提出:建筑应是一种有故事叙述性的表现程序。室内布置也是这样,例如游览香山采回的红叶、从南京带的雨花石、从南海带回的贝壳、一件生日的礼物、结婚纪念品……,每一件珍藏的纪念品,都记叙着一个值得回忆的故事,也是人类情感的寄托。

图 7-19 饭店大堂内陈设的花瓶

收藏品的内容则非常广泛,如邮票、钱币、门票、石头、树根、古玩、玩具、动植物标本、民间工艺品、字画等等。收藏品最能体现一个人的兴趣、修养和爱好。收藏品通常集中陈设效果较好,可采用博古架或橱柜陈列。如果某件收藏品是一件很有吸引力的东西,将它布置在引人注目的地方,也会带给人愉悦。对于重点的收藏品,可加局部光照以示强调,增强其感染力。对于邮票、纸钱币等收藏品,也可用精致的镜框装贴。

古玩、陶瓷收藏品与书籍结合布置,则更能显示主人的品位。图 7-20 为收藏的各种竹筛、竹篮,将其陈列于墙上,既使空间具有独特的朴实的情趣,又表现出了主人对民间工艺品的爱好。

图 7-20 收藏品的陈设

(四)观赏动、植物

观赏动物常见的有鸟、鱼,观赏植物花卉种类则非常多。在室内陈列适当的观赏动物效果很不错,鱼在水中游动,鸟在笼中啼鸣,给室内空间注入生动活泼的气息。广州白天鹅宾馆西餐厅中陈列着一个精致的金色鸟笼,里边的几支小鸟在笼中飞来飞去,不时叽叽喳喳叫几声,使就餐的客人感觉到大自然的气息,身心十分舒畅。

盆景、植物花卉则是适合于任何装饰风格的室内空间的陈设品,既经济又美观。由于植物是在不断生长、变化,有生命的东西,用它作装饰是十分有效的。人类天性热爱自然,植物将大自然带入室内,不仅可以净化室内空气,还带给室内温暖和生机,提高空间环境的质量。

这类陈设中,有的还能代表一定的文化、修养和审美观。如盆景是我国有二千多年历史的传统艺术,通常讲究意境的创造,力求在方寸之间体现出万丛群山的峻峭,在咫尺之中表现千里江河深远。因此盆景中的山、水、石、木的形态、配搭、曲直、高低等都是十分讲究的。盆景代表了中国传统的文化和审美哲学。

又如日本将插花艺术称为"花道",对插花很有讲究,不仅构图完美,而且在花枝之间体现出意境和主题。对于插花用的花瓶、花盆也十分考究,因此可以说插花艺术代表了日本的文化。

植物花卉可陈列在室内任何地方,但最好在阳光充足之处,以利其生长。除可栽种在花池中外,也可以陈列在家具上,或配以专门的几、架,或放在窗台上装饰窗户,甚至还可吊挂在室内。花盆、花瓶的选择也应考究,使之成为室内色彩的补充。图7-21、图7-22所示的花卉植物是室内环境中的活跃元素,其自然优美的姿态,美化了环境。花瓶和花篮都与花或植物的气质、风格很协调,造型也较简洁,质朴。

如果在门厅进门处放几盆植物花卉,那么使人一进门就有一种轻松感。在客房中,即使是小小的一束花,也会显示出"欢迎"的魅力,使客人备感亲切。在餐桌上放一束鲜花,会提高人的进餐情绪。在卧室中放置植物花卉,会令人感到温馨浪漫。病房里放置一盆生长旺盛的植物或一束鲜花,会增强病人战胜疾病的信心与勇气。在浴室中设置植物,会使室内装饰材料产生的冷硬之感减弱,产生柔和的效果。总而言之,作为陈设品的植物花卉应认真选择,即从它的品种、姿态、色彩及趣味性等来考虑。

图7-21　室内花卉的陈设(一)　　　　图7-22　室内花卉的陈设(二)

第三节　室内陈设与环境的关系

一、陈设品与建筑空间环境的关系

建筑环境是根据人们的活动而创造的物质环境,在这里,人与生活是目的,是主体,因人们生活之需的陈设品是手段、是从体。室内环境是以人为主,因人而存在,因人而用的。因此,陈设品应服从整体室内环境的要求,其选择与布置都应在室内环境整体性的约束下进行。不同的建筑风格对陈设品有不同的要求,不同功能的房间对陈设品也有不同的要求。著名建筑师贝聿铭设计香山饭店时，连咖啡杯、手纸盒的设计都考虑到，这是为了使室内的陈设品风格与建筑风格保持协调统一。

（一）不同建筑类型对陈设的要求

由于社会向建筑提出了不同的功能要求，便出现了许多建筑类型。各类建筑的功能千差万别，反映在形式上必然是千变万化的。因此，陈设品的设计与选用，无论题材、构思、构图或色彩、图案、质地，都必须服从建筑的不同功能要求。对不同功能的建筑空间，所要求创造某种气氛，在运用陈设品时，应精心推敲，做到适度得体。例如对织物陈设的图案选择，无疑要与建筑类型相适应，并与特定环境相协调，形象具体地表现出建筑物的特征。娱乐、运动等类型的建筑（如电影院、音乐厅、体育场馆、俱乐部）的织物陈设，应多选用曲线构成的图案，造成一种活泼、跳动的气势，使之具有轻快感、音乐感、流动感。科研型建筑的织物陈设则宜多采用曲线、直线或大小不同的点的群化为构成因素，造成一个迷离变幻、引人探索奥秘的意境。抽象性图案虽无主题性，但较接近建筑艺术的语言特征，更适宜科研性建筑。文教卫生建筑，图案不宜过多曲线及繁乱的形象等不安定的因素，图案色彩应朴素，力求造成一种宁静和平的气氛，以利于人们的学习、工作与疗养。旅游、交通类建筑的织物陈设，图案花样可繁多，形式可多样，尤其是能表现地方特点，具有民族风格、乡土气息的图案。

（二）不同类型房间对陈设品的要求

不同功能的房间，对陈设品的要求亦有所不同，而不同主题、不同风格的陈设品，对于形成不同性格、突出功能各异的房间各自的个性，也有着很重要的作用。

例如住宅的客厅、起居室，是一家人生活的中心，既是家庭成员休息活动的地方，也是友人、宾客来访时感觉舒适愉快之处。因此，陈列的陈设品特别需要有助于表达出家庭的个性与趣味，给人轻松随和之感。

又如儿童房间，根据儿童心理学理论，一个人婴幼儿时期的发展情况会影响他成年后的性格、兴趣、生活习惯等，环境对于造就孩子的心理很重要。儿童房间的陈设品处理，不能以成人的喜好作标准，而应考虑儿童的生理、心理特点，依照孩子的成长需要来设计。

餐厅室内空间的陈设品，不论是家庭用餐厅还是公共餐厅，都应创造轻松愉快的气氛，有效地提高人的进餐情绪。

由此可见，房间功能不同，对陈设品有不同的要求，要准确地表达出房间的风格、气氛及内涵，陈设品的选择则应根据房间的具体要求确定。

二、陈设品之间及与家具之间的关系

一个室内空间，往往不止一件陈设品，而是有多种不同类型的陈设，如卧室通常有台灯、织物陈设、照片或挂画、电话机以及一些工艺品等。客厅陈设品类型更多一些，如家用电器、灯具、坐靠垫、茶具、花瓶、工艺品、观赏植物等。这些陈设品都有各自的造型、色彩，但它们相互之间的关系也是很重要的，如每个陈设品最恰当的陈设位置，相互间的色彩关系，造型协调等等，这些都涉及到空间构图的均衡与完整。例如色彩的处理，陈设品本是点缀色彩，但应注意重点突出几件陈设，如果每件陈设品均采用强烈的色彩对比，则会使室内空间显得杂乱，而失去统一感。有时为了使室内色彩统一，可将灯罩采用与窗帘、床罩相同的织物。放在一起的陈设品，其协调关系尤其重要。如床头柜上的台灯与电话机，其造型、色彩应考虑尽量协调。图7-23、图7-24所示的起居空间，每件陈设品的位置、造型、尺度考虑都较恰当，使整个空间构图协调一致。

图 7-23　起居空间的陈设(一)　　图 7-24　起居空间的陈设(二)

此外,许多陈设品都与家具发生联系,有的陈列在家具上,有的又与家具形成一个整体,有的又与家具共同平衡空间构图。图 7-25 中窗边柜上的三个高矮不同的陶罐起到了完整空间构图的作用。由于落地灯和绿树的高度差不多,使空间出现二个控制点,显得过分均衡而有些呆板,灯具在构图关系上显得"轻",因此三个陶罐的位置靠近落地灯一侧,起到平衡构图的作用,而且由于它们的错落变化,又使空间显得丰富。

图 7-25　空间构图的平衡

三、陈设品与室内绿色生态理念

1993 年国际建协与联合国教科文组织共同召开了"为可持续的未来进行设计"的世界大会,从而把可持续发展这一具有深远意义的理念与城市规划、建筑设计、室内设计联系起来了。1996 年《伊斯坦布尔宣言》中又明确提出人与环境和谐共生及"以人为本"的新世纪设计宗旨。

室内设计中的可持续发展,主要是在现有条件下尽量保护自然生态的平衡与和谐,最低限度地消耗资源和能源,尽可能减少对自然生态环境的破坏,最大限度地减少环境污染,体现人本主义精神,尊重人类赖以生存的自然环境,寻求人、建筑、自然及社会的协调发展。

体现在室内陈设中,最重要的一点就是绿色环境的营造,对自然景物,如水体、山石、花草树木、鱼鸟等的引入,创造舒适愉悦的室内环境质量。富有生命气息的、变化的、动态的、色彩丰富的自然景物引入室内,充实了室内环境,丰富了视觉效果,这既满足了人们生理及心理上的需求,也代表了人们对新的生态美学的追求。图7-26所示广州某宾馆中庭空间,大面积的水面和绿色植物使人仿佛置身室外。

绿色植物及水体不仅能调节室内温、湿度,改善室内小气候,而且能吸热,降低辐射;能吸声,降低室内噪声。植物在阳光照射下会产生光合作用而吸收二氧化碳,放出氧化,使室内空气更清新。有的植物还能吸收室内的有害、有毒气体,如甲醛等,起到净化室内空气的作用,也使室内环境更健康。图7-27所示居室内丰富的绿化使环境更美,更健康。

图7-26 广州某宾馆中庭的水体和绿化

图7-27 住宅环境的绿色植物

第八章 室内陈设的选择、陈列及应用

第一节 室内陈设的选择

陈设品的选择,除了要把握个性外,总的来说,应从室内环境的整体性出发,应在统一之中求变化,因此,从陈设品的风格、造型、色彩、质感等各方面都应加以精心推敲。

一、陈设品风格的选择

陈设品的风格多种多样,因它最具历史代表性,又能反映民族风情和地方特色;既能代表一个时代的经济技术,又能反映一个时期的文化。如贵州蜡染表现了少数民族特有的风格,根据贵州地方戏脸谱做的木雕也极具地方特色;西藏传统的藏毯,其色彩、图案都饱含民族风情;江苏宜兴的紫砂壶,造型优美,质地朴实,也具有浓郁的中国特色。

陈设品的风格选择主要涉及与室内风格的关系问题,因此,其选择有两条主要途径:一是选择与室内风格相协调的陈设品;二是选择与室内风格相对比的陈设品。

选择与室内风格协调的陈设品,可使室内空间产生统一的、纯真的感觉,也很容易达到整体协调的效果,如室内风格是中国传统式的,则可选择仿宫灯造型的灯具,选一些具有中国传统特色的民间工艺品。一些清新雅致的空间则可选择一些书法、绘画或雕塑等陈设品,灯具也以简洁朴素的造型为宜。图 8-1 所示为北京新世纪饭店风味餐厅,悬挂的"酒"牌和盛酒的葫芦,与餐厅的风格十分协调;图 8-2 为北京京广中心潮州厅,入口处柜台上陈列的瓶瓶罐罐,墙上装饰的民间风筝,都是与潮州厅整体风格一致的陈设品,代表了地方风格特点和民间文化。

图 8-1 北京新世纪饭店风味餐厅

图 8-2 北京京广中心潮州厅

选择与室内风格对比的陈设品,能在对比中获得生动、活泼的趣味。但在这种情况下陈设品的变化不宜太多,因为少而精的对比可使其成为空间的视线中心,多则会产生杂乱之感。图 8-3 所示为位于新西兰中国城的医疗中心休息室,其中墙面用与室内整体风格完全不同的中国传统礼服作为重点装饰,由于风格的强烈对比而产生了独特的效果,使空间显得生动而有趣。

图 8-3　医疗中心休息室

总之,陈设品的风格选择必须以室内整体环境风格作为依据,去寻求适宜的格调和个性。

二、陈设品形式的选择

室内陈设品的形式包括它的造型、色彩、质地等三个方面,因此,其形式的选择应从这三个方面来考虑。

(一)陈设品色彩的选择

陈设品的色彩在室内环境中所起的作用很大,大部分陈设品的色彩是处于"强调色"的地位,少部分陈设如织物陈设中的床单、窗帘、地毯等,其色彩面积较大,有时可作为背景色,因此,对于不同的陈设品,其色彩选择也有不同。处于"强调色"的陈设品,能丰富室内色彩环境,打破过分统一的格局,创造生动活泼的气氛,但是也不宜过分突出,不能缺少与整个环境和谐的基础。尤其是陈设品数量较多时,处理不当,更易产生杂乱之感,因此,强调色不宜多。

处于"大面积色彩"的陈设如床罩、窗帘、地毯等,都具有一定的面积,且大都处于较醒目的位置,对于室内整体环境色彩起着很大的影响作用,它与整体环境色彩的关系,可以选同类色产生统一感或选对比色产生变化,但后者在处理上应慎重考虑,因大面积的色彩变化易使室内整体环境色彩显得刺目而失去整体统一感。

因此,陈设品的色彩选择应首先对室内环境色彩进行总体控制与把握,即室内空间六个界面的色彩一般应统一、协调,但过分的统一又会使空间显得呆板、单调,因此最好的点缀色便是室内陈设品。陈设品千姿百态的造型和丰富的色彩赋予室内空间以生命力。但为了丰富空间层次而选用过多的点缀色,这会使室内空间显得凌乱。因此宜在充分考虑总体环境色彩协调统一的基础上适当点缀,真正起到锦上添花的作用。如彩图 54 所示的居室空间,黄色的花及靠垫在空间中起到了恰到好处的点缀作用,空间显得生动而富于变化。

(二)陈设品造型、图案的选择

由于现代室内设计日趋简洁,因此,陈设品造型上采用适度的对比也是一条可行的途径。陈设品的形态千变万化,带给室内空间丰富的视觉效果,如家用电器简洁和极具现代感的造型,各种茶具、玻璃器皿柔和的曲线美,盆景植物婀娜多姿的形态,织物陈设丰富的图案及式样等等,都会加强室内空间的形态美。如在以直线构成的空间中陈列曲线形态的陈设,或带曲线图案的陈设,会因形态的对比产生生动的气氛,也使空间显得柔和舒适。

(三)陈设品的质感选择

自然界的材料有许多不同的质感,用作室内陈设品的材质也各不相同,如木质纹理自然朴素,玻璃、金属光洁坚硬,未抛光的石材粗糙,丝绸织品细腻光滑而柔软……,总之,材料质地对视觉的刺激因其表面肌理的不同而影响审美心理。形状、疏密、粗细、大小均会产生不同的美感,如精细美、粗犷美、均匀美、华丽美、工艺美、自然美等等。光滑平整的表面常给人轻巧柔美之感,而粗糙的表面却显得粗犷浑厚。

此外,我们对质地的感受是随着对比而加强的,例如有许多光滑而反光的表面材料如金属、玻璃等制品装饰于现代室内环境,正是通过与天鹅绒、粗呢、粗糙的石材等陈设的质感对比而加强其视觉效果的。陈设品的形状,也可以通过与背景质感的对比来加强和突出。

因此,对于陈设品质感的选择,也应从室内整体环境出发,不可杂乱无序。在原则上,同一空间宜选用质地相同或类似的陈设以取得统一的效果,尤其是大面积陈设。但在陈列上可采用部分陈设与背景质地形成对比的效果,使其能在统一之中显出材料的本色。须重点突出的陈设可利用其质感的变化来达到丰富的效果。

第二节 室内陈设品的陈列方式

一件好的陈设品,除了它本身的造型、色彩和质感设计必须完美外,陈列方式也很重要。陈列得好,可以突出和加强陈设品的美感;反之,则会影响其美感效果。陈设品的陈列方式可大致分为以下几类。

一、墙面陈列

墙面陈列指将陈设品张贴、钉挂在墙面上的展示方式。墙面陈列的陈设品以书画、编织物、挂盘、浮雕等艺术品为主,也可悬挂一些工艺品、民俗器物、照片、纪念品、个人收藏品及文体娱乐用品如吉他、球拍等等。

将陈设品陈列于墙面,可以丰富室内空间,避免大面积的空白墙面产生空洞单调之感。但墙面陈列方式主要应注意两个方面:

1. 陈设品在墙面上的位置,与整体墙面及空间的构图关系。陈设品在墙面上的位置,必然会与整体墙面的构图关系及靠墙放置的家具发生关系,因此要注意构图的均衡性。如图 8-4(a)、(b)所示为挂画在墙面上不同的位置产生不同的构图关系。

墙面陈设的陈列可采用对称式构图与非对称式构图。对称式的构图较严肃、端正,中国传统风格的室内空间常采用这种布置方式。非对称式的构图则比较随意,适合各种不同风格的房间,如彩图 56。

2. 成组陈列的陈设,自成一体,其本身的构图关系及与整体环境的构图关系。成组陈列的陈设,可采用水平、垂直构图或三角形、菱形、矩形等构图方式组合,使其有规律或有节奏,有韵律感,如图 8-5 所示。成组陈列的陈设品,往往在墙面上所占面积较大,因此,在整个空间构图中是否均衡、轻重关系是否适当,应仔细推敲(图 8-6)。

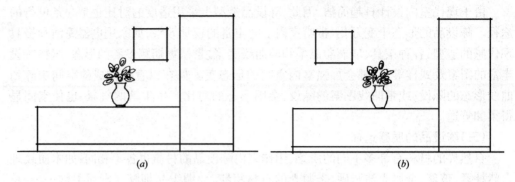

图 8-4　挂画所处位置的构图关系
(a)不均衡的构图;(b)均衡的构图

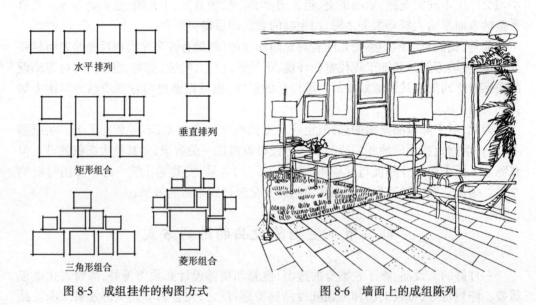

图 8-5　成组挂件的构图方式　　　　　　图 8-6　墙面上的成组陈列

此外,墙面陈列的陈设,还可与其相邻的家具形成一个整体,如悬挂于床头、沙发上方的挂件,可以挂得稍低一些,以使它们成为床或沙发组的一部分,但应注意悬挂高度不宜过低,以免碰头或影响家具的使用。

二、台面陈列

台面陈列主要是指将陈设品陈列于水平台面上。台面陈列的范围较广,各种桌面、柜面、台面均可陈列,如书桌、餐桌、梳妆台、茶几、矮柜……等等。

台面陈列是室内空间中最常见、覆盖面最宽、陈设内容最丰富的陈列方式,如床头柜上陈列台灯、闹钟、电话等,使用方便;梳妆台上有许多化妆品需要陈列;书桌上多陈列台灯、文具、书籍等;餐桌上可陈列餐具、花卉、水果;茶几上则陈列茶具、食品、植物等等。此外,电器用品、工艺品、收藏品等都可陈列于台面上。但是,虽然室内的台面都可作为展示陈设品之处,但应注意整体效果,不可五花八门,或杂乱混淆,也不应对人的活动产生妨碍。事实上,精彩的东西不需要多,只要摆设恰当,就能让人赏心悦目,回味无穷了。因此,在台面展示的处理上应注意几点:

1. 陈置灵活,构图均衡。通常台面陈列的陈设品不止一件,往往成组设置,因此几件陈设品的组合,应注意构图合理、有序但又不呆板,高低错落则更显丰富的效果,如图

8-7中所示的几种陈置方式:(a)过于均衡而显得有些呆板;(b)在均衡中有变化,较丰富;(c)高低错落,参差起伏,变化丰富而生动,构图也较合理。

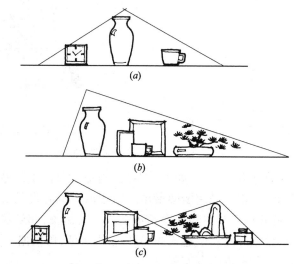

图 8-7 台面陈列的陈设品构图关系

2. 色彩丰富,搭配得当。每件陈设品都有各自的色彩,要注意色彩间的相互关系,搭配在一起是否协调,多数陈设宜选择与室内环境色协调的颜色,而少数几样陈设可选用较突出的与环境色相对比的颜色,起到画龙点睛的点缀作用,使空间色彩丰富,又不落于俗气。

3. 轻重相间,陈置有序。材料的质感不同,会给人以轻、重、粗、细等感觉,各种陈设品由各种不同的材料构成,便对人产生不同的心理影响,如玻璃器皿,其晶莹透明的玻璃质感使人感觉其轻;一件深色陶瓷花瓶,给人厚重之感;石雕使人感觉硬,丝绸使人感觉软。一般来说,深色物重,浅色物轻;透明物轻,不透明物重,这是各种形态的物品给人的轻重之感。因此,在陈列各种质感的陈设品时,应注意轻重、粗细相间布置,不应一组全是厚重的陈设,另一组又全是轻巧的陈设,这会使人感觉构图不均衡,轻重无序。

4. 环境融合,浑然一体。陈设品展示于台面,许多台面往往是靠墙设置,必然产生与墙面陈设品的协调关系问题。因此,台面陈设本身的构图关系应合理外,还应考虑与墙面挂件及家具之间的整体构图关系(图8-8)。从内容上、风格上也应协调一致。如图8-9所示,一幅传统的中国字画下面配以盆景便很协调雅致;一幅挂毯下面配以现代雕塑,则从风格上很协调,材质的对比上也产生较强的美感。

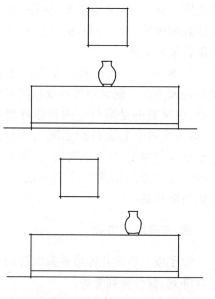

图 8-8 台面陈设与墙面陈设的构图关系

三、橱架陈列

橱架陈列是一种兼具贮藏作用的展示方式,可以将各种陈设品统一集中陈列,使空间显得整齐有序,尤其是对于陈设品较多的空间来说,是最为实用有效的陈列方式。如

图8-10所示嵌入墙面的橱架,将陈设品收纳在一起,使空间整洁、统一。

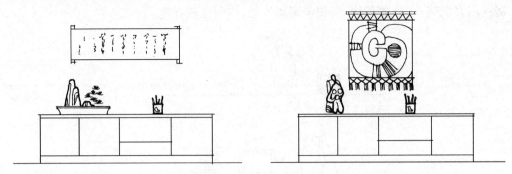

图8-9　台面陈设与墙面陈设的协调

适合于橱架展示的陈设品很多,如书籍杂志、陶瓷、古玩、工艺品、奖杯、奖品、纪念品、一些个人收藏品等等,都可采用橱架展示。对于珍贵的陈设品如一些收藏品,可用玻璃门将橱架封闭,使陈列于其中的陈设品不受灰尘的污染,起到保护作用,又不影响观赏效果。橱架还可做成开敞式空透式的,分格自由灵活,可根据不同陈设品的尺寸分隔格架的大小。如中国传统的博古架就是典型的橱架展示陈设品的方式。

采用橱架陈列方式应考虑的因素有:

1. 橱架的造型、风格与陈设品的协调关系。橱架的造型、风格、色彩等都应视陈列的内容而定,如陈列古玩,则橱架以稳重的造型、古典的风格、深沉的色彩为宜;若陈列的是奖杯、奖品等纪念品,则宜以简洁的造型,较现代感的风格为宜,色彩深、浅皆相宜。总之,橱架的造型、风格、色彩应与所陈列的陈设品协调,而且应有效的突出陈设品的美感。

2. 橱架与其他家具以及室内整体环境的协调关系。橱架除与陈设品风格协调之外,更重要的是应与室内整体环境相协调,应与室内全套家具配套统一,因此,在考虑橱架的造型、风格的时候,应将多方面因素考虑进去,力求整体上与环境统一,局部则与陈设品协调。

图8-10　橱架陈列方式

四、其他陈列方式

除了以上所述几种最普遍的陈列方式外,还有一些其他的陈列方式,如地面陈列、悬挂陈列、窗台陈列等等。

对于有些尺度较大的陈设品,可以直接陈列于地面,如灯具、钟、盆栽、雕塑艺术品等;有的电器用品如音响、大屏幕电视机等等,都可以采用地面陈列的方式。这种陈列方式随意、方便,但占地面积较大,不利于充分利用空间,因此,地面陈列的陈设品不宜多。

悬挂陈列的方式在公共性的室内空间中常常使用,如大厅的吊灯、吊饰、帘幔、标牌、植物等等。在居住空间中也有不少悬挂陈列的例子,如吊灯、风铃、垂帘、植物等等。

悬挂陈列的优点在于：第一，充分利用空间，不影响人的活动；第二，悬挂的陈设使空间生动活泼更有情趣，也使空间层次更为丰富。

居室窗台上也常常作为陈设品陈列之处，尤其是窗台较宽的凸型窗，窗台陈列更是妙趣横生。窗台陈列最常见的是花卉植物，这是因为人对大自然的追求和热爱产生的，当然也可陈列一些其他的陈设，如书籍、玩具、工艺品等等。窗台陈列主要应注意的是窗台的宽度应足够陈列，否则陈设品易坠落摔坏，二是陈设的设置不应影响窗户的开关使用。

五、陈设品的布置原则

综合前面所述，室内环境中陈设品的布置应遵循一定的原则，可概括为四点：

1. 格调统一，与整体环境协调。陈设品的格调应遵从房间的主题，与室内整体环境统一，也应与其相邻的陈设、家具等协调。

2. 构图均衡，与空间关系合理。陈设品在室内空间所处的位置，要符合整体空间的构图关系，也即应遵循一定的构图法则，如统一与变化、均衡对称、节奏韵律等等，要使陈设品既陈置有序，又富有变化，而且其变化有一定规律。

3. 有主有次，使空间层次丰富。将过多的陈设品毫不考虑地陈列于室内会产生杂乱无章之感，因此陈设品的陈置也应主次分明，重点突出。如精彩的陈设品应重点陈列，必要时可加些灯光效果，使其成为室内空间的视觉中心，而相对次要的陈设品布置，则应有助于突出主体。

4. 注意观赏效果。陈设品更多的时候是让人欣赏，特别是装饰性陈设，因此，布置时应注意观赏时的视觉效果，如墙上的挂画，应考虑它的悬挂高度，最好略高于视平线，以方便人们观赏。又如一瓶鲜花的布置，也应使人能方便地欣赏到它优美的姿态和闻到芬芳的气味。

第三节　几种常见空间的陈设品应用

一、宾馆建筑中的陈设品应用

宾馆饭店是提供给出差、旅行在外的人一个临时的栖身处，因此，其所有方面都应围绕着来店的客人考虑，包括室内设计，应使客人感觉舒适，有宾至如归之感。

宾馆的前身是客栈，产生于12~18世纪，主要满足客人最基本的投宿要求。随着社会的不断进步与发展，从"客栈"逐步发展到19世纪的"大饭店"、19~20世纪初的商业性饭店，再到20世纪中叶的饭店联号的产生，是饭店规模化、模式化经营管理的开始。宾馆饭店的室内设计与装饰，更是其服务管理中一个必须的内容。

宾馆饭店除了提供给客人完善的服务外，其优美的室内环境应提供给客人一个精神享受的场所。现代人逐渐有更高品位的要求，如崇尚大自然、追求高格调、身居异乡则希望能领略到当地的风土人情和传统文化，因此，在陈设品的选择与布置上，应适应现代人的要求，应多从旅行者的生理和心理特点来考虑。曾经有人提出旅馆的室内设计应为"疲惫"的旅客考虑。如从"生理"上考虑，舒适性要求高。旅行者一般白天在外奔波，回到客房都很疲惫，希望室内舒适性强。如织物陈设宜选用质地柔软、图案雅致、色彩柔和的设计，产生安宁、愉快之感，利于恢复体力。从"心理"特点考虑，一般外出旅行的人都希望看到甚至体验到异乡风情，欣赏到具有异国他乡独特风格的东西，因此，陈设品的选用应能体现地方文化和民族风格，使游人在大自然中感受到当地特有的风光,而且回到宾馆也能感受到是生活在一个与自己从前所处环境完全不同的具有他乡情调的环境中。如重庆扬子江假日酒店中的风味餐厅,布置了许多具有四川特色的陈设品,如茶壶、酒坛、川戏用的乐器等等,客人在其中就餐还能体验到巴蜀文化风情。又如图8-11所示的瑞典威斯比宾馆大堂,其独特的空间形态及陈设品如灯具、壁画、地毯等,都使空间透出浓郁的北欧风情。

宾馆饭店的陈设品,除功能性陈设外,作为主要体现精神内容的观赏性陈设,较为讲究,如书画、摆件、插花、植物等等。书画有中国书法、国画、西画、版画等等,对于西画,国际上有统一的画框规格尺寸。画的挂放位置,可以在大厅、餐厅、客房等处,尺幅大小可根据空间大小的不同来确定,其色彩则一方面考虑季节、气候的影响,另一方面还应考虑客人的习俗、忌讳和宗教信仰,真正体现出对客人的关怀。

装饰摆件则品种较多,也是最能体现地方文化与民族风格的媒介,如中国的宾馆饭店,多陈设景泰蓝、青铜器、唐三彩、清花瓷、玉雕等等,使外国客人来到中国,处处都能领略到中国古老的文化和悠久的历史。如彩图57所示为韩国釜山某宾馆客房,无论从家具造型,还是陈设品布置,都透出浓郁的南韩情调。又如图8-12所示为北京新世纪饭店某层电梯厅,正面墙上巨大的红色"福"字,有"祝福"之意,使人一见有吉祥如意之感,使客人心情愉快。两侧用景泰蓝花盆栽种的花木,又使这一枯燥的等候空间增添些柔和的气氛。

图8-11 瑞典威斯比宾馆大厅　　　　图8-12 北京新世纪饭店电梯厅

插花、盆景也是宾馆饭店中选用较多的陈设品,因为花卉植物天然的色彩、自然优美的形态和不断生长变化,都给人以生机勃勃、犹如置身大自然之感。因此,插花、盆景在宾馆室内环境中起着很重要的作用,布置在大厅,有欢迎宾客光临之感,在餐厅、客房布置鲜花,使客人尤生亲切之感、心情愉快,如彩图58所示。插花在东、西方都很流行,日本最讲究"花道",许多世界著名的宾馆每年都要花费很大支出购买花卉,以营造出温馨浪漫的氛围。

总之,宾馆饭店的陈设品选择与布置,应以宾馆的整体风格、环境要求为依据,有助于给客人营造一个亲切的"宾至如归"的环境。

二、商业建筑中的陈设品应用

商场是出售商品之处,因此室内环境中所有的布置、设计都应以突出商品为宗旨,以促使顾客产生购买欲望。现代商场中,在陈列商品时,逐步打破传统,引入一些装饰性的陈设以烘托商品。如图 8-13 所示为青岛某大型百货商场,柜台旁的插花、柜台上方撑开的工艺伞,与商品的陈列结合得十分自然。图 8-14 所示的上海摩士达商厦中结合服装的展示布置了一些植物、藤编箱子、标靶等,都是为了烘托商业气氛、突出商品。因此,商场内商品以外的陈设品选择宜与商品类别、风格结合考虑,以突出商品为目标。

图 8-13 大型百货商场

图 8-14 大型商厦

餐饮建筑中的实用性陈设品主要是各种餐具、酒水具、灯具等,餐具的选择体现了室内环境的风格、品位和档次,而餐饮建筑中气氛的营造则还需要一些其他装饰性陈设来实现,如壁饰、挂画、花卉植物等等,都是装点餐饮环境的有效手法。如杭州花港饭店,其风味餐厅中选用石膏电解铜浮雕、丙烯树脂壁画等,富有时代感。如彩图 59 所示国外某餐厅,墙上巨大的金属质感的鱼浮雕,使空间别具一格。

如图 8-15 所示为深圳金马酒店西餐厅入口处,一辆平板篷车上陈列一些食品,在这里,车和食品都成了空间中的陈设品,既招来顾客,又使空间饶有趣味。

图 8-15　深圳金马酒店西餐厅

又如图 8-16 为北京大观园酒店首层茶厅，两端墙上悬挂的金陵十二钗画，既点明了空间主题，又创造了高雅的饮茶环境。

图 8-16　北京大观园酒店茶厅

总之，餐饮空间是人们就餐之处，应使人感觉干净、整洁、宁静。陈设品的布置，应有助于营造愉快轻松的氛围，提高人的进餐情绪。

三、医院建筑中的陈设品应用

医院建筑室内环境的处理，对病人的心理会产生直接的影响，与病人的健康状况有很大的关系，因此，陈设品的布置应作特别的考虑，尤其是陈设品的色彩，对病人的心理会产生不同的感受。随着医学科学的发展，证明了人的身体状况和精神状态在一定程度上与色彩有关。如暖色调属兴奋感色彩，较适于低血压病患者病房，能有助病人血压的提高和增进食欲，对于消除儿童的恐惧心理也有帮助。而沉静感的冷色，如蓝、绿、紫等，给人柔和宁静之感，起到消除烦闷、安定情绪的作用，较适于高烧病人病房和妇产科病房。明快感的色彩如浅橘色、浅黄色，有助于使病人坚定信心，消除精神上的悲伤感，减轻肉体痛感。给人以希望。因此，明快感色调是医院室内环境的理想用色。

国外的研究也表明，淡蓝色的环境有助于高烧病人恢复健康；紫色环境可以使孕妇感到安慰；褐色环境可帮助高血压患者降低血压、黄、红色有助人体加快血液循环。

因此，医院的陈设品布置应注意配合病人疾病治疗的需要，发挥它们的积极作用，增强病人战胜疾病的信心。如织物陈设的选用应打破以白色为主的传统做法，国外很多医院病房采用淡蓝色的床单、床罩，使人感觉宁静。如图 8-17 所示的国外某医院病房,其陈设品的布置使病房有亲切感,有助于消除病人的恐惧感。又如重庆某妇产医院母婴室,墙上贴有动物剪贴画,家具也都是浅橘色,每天早上护士小姐还会送来一束鲜花,这些陈设品的布置,有助于消除产妇的紧张心理,营造轻松愉快的气氛,也为刚出世的小宝宝创造了一个美好的环境。

图8-17 医院病房

四、办公建筑中的陈设品应用

现代办公室具有高效、灵活的特点,是处理行政事务和信息的场所。根据研究表明,办公空间环境的舒适性对办公效率的影响是非常大的。

办公环境应以简洁为主,主要的陈设品应是与办公有关的物品,如办公用具、灯具、电脑、打字机、电话等等。为了不至于使办公环境显得单调,可通过一些设计手法的运用来丰富环境,其中最简单易行的就是布置一些陈设品,如挂几幅画、放几座小型雕塑,但最重要的是绿色植物和花卉,它不仅带给枯燥的办公室以生气,而且人们长时间坐在桌前处理公务,脑、眼都很疲劳,看看绿色植物或美丽的花草,对调节身心、提高办公效率十分有益。

如图8-18为瑞士苏黎世特拉维尔公司某办公室室内,桌上的办公用品满足使用要求,花和绿树则满足人的精神需求。图8-19为法国图卢兹制造公司办公室休息厅,入口两侧有生长繁茂的绿叶,给人生机勃勃之感。又如彩图60所示为国外某办公室走道,简洁的空间中陈列一尊佛像,使空间充满庄重的气氛。

办公空间的陈设品布置,除了满足使用方便、有助于提高办公效率外,陈列的位置也应恰当,且不应对工作产生妨碍。如图8-20所示的瑞士拉维尔公司办公楼某过厅,休息座后的墙面呈圆弧形,为了使墙面不单调、空间更丰富,设计者别具匠心地

图8-18 办公室

在墙上"挖"了两个壁龛式的洞,在其中陈列两瓶鲜花,既改变了墙面的单调感,又使整个空间显得简洁,而且不妨碍人的活动。

五、居住建筑中的陈设品应用

居住建筑中的陈设品内容最丰富、种类也最多,也最能体现一个家庭的风格特点,因此,居住环境的陈设品布置,应反映出一个家庭的兴趣、爱好和个性,这样的空间便具有吸引力。

(一)客厅、起居室

随着时代的发展,新的生活方式导致建筑设计产生出新的标准,客厅的变化也很大,它已成为一个不太正式且轻松的场合。不论是个人或集体,可以在这里进行不同的活动,它是一家人生活的中心。因此,陈设品应有助于表达出家庭的个性与趣味,给人轻松随和之感。彩图55是一户人家的起居室,大幅的装饰画、钢琴以及地上的动物玩具、沙发上的靠垫、绿树等,给人以现代感和舒适感。图

图 8-19 办公室休息厅

8-21所示的客厅,竹编沙发椅、茶几雅致,墙上的两幅画起到了丰富空间和平衡构图的作用,画框选用木质与家具非常协调,鲜花植物使空间亲切随和。

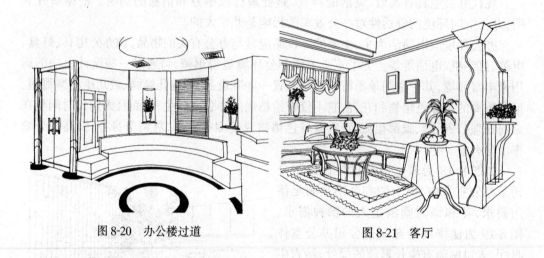

图 8-20 办公楼过道　　　　　图 8-21 客厅

(二)卧室

卧室要求宁静、舒适,在织物陈设选用时应注意柔软的地毯,有助于消除脚步声和其他噪声,窗帘选用厚实的设计,可控制光线和减少外界噪声。卧室除了睡眠之外,许多个人活动也在其中进行,如集邮、绘画、与密友谈心、听音乐和阅读等活动。卧室既然是私密性的休闲区域,在室内陈设布置上自然要尽量表现主人的性格及爱好,如优美雅致的卧室,应布置轻巧的陈设品,而男性房间里,则应选择造型粗犷有力的陈设。陈设品的选用,有助于完善卧室环境,不仅使人感觉身心松弛,而且也提供了自我发展、自我平衡的机会。图8-22所示的卧室空间,以床为中心,不仅利用大面积的玻璃窗将室外的景色尽收眼底,而且结合卧室的功能需要布置了许多陈设品,这些陈设品中有许多实用性陈设,也有不少装饰性陈设,甚至几个古典柱也成了室内装饰性陈设,使卧室透出典雅的气氛。

图 8-22 卧室

(三)儿童房

儿童的成长环境,对于他今后的性格和兴趣有一定的影响,作为室内环境的设计,应考虑儿童的生理和心理特点来布置,有益于他们的成长,因此,陈设品的布置也应注意几方面:第一,孩子喜欢玩耍、嬉戏,陈设品的布置不应占据太多孩子玩耍的空间;第二,陈设品的色彩应利用鲜明的调子来塑造明朗的性格,明快、深沉、寒暖的颜色都能给孩子不同的感受和想像;第三,造型、图案应活泼、生动,如动物、植物、人物等等较为具象生动的造型;第四,质地宜光滑,不易摔碎,尤其是对较小的幼儿,易碎的陈设容易发生危险;第五,儿童的好奇心强,富有幻想的天性,因此,陈设品的选用,尽可能给孩子以启迪,激发他们的想像力和创造力。如彩图 61 所示的儿童房间,色彩鲜艳,印有动物图案的织物陈设适合儿童的心理特点。如图 8-23 所示的儿童房,家具设计符合儿童喜爱嬉戏的特点,随处点缀的玩具熊、靠垫使孩子的空间舒适而活泼。

(四)书房

书房宜布置雅致的陈设品,利于人们集中思想学习和工作;或有一定涵义的陈设,激发人的上进心。书房中除了常用的文具外,宜多陈列一些古玩、陶艺作品、书画、盆景等,这些陈设风格较"雅",适于学习环境。陈设品的色彩也宜素淡为主。如图 8-24 中书房里陈列的各种盆栽植物,使宁静、清雅的书房平添几分情致。

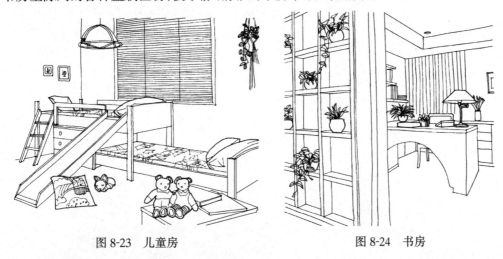

图 8-23 儿童房　　　　图 8-24 书房

(五)浴室

浴室往往给人湿、冷之感,这是由于材料的质地和房间的使用功能所造成的,因此,为了改变这种令人不舒服的感觉,常常在浴室中布置一些花卉、织物来产生柔和感,而且采用较鲜艳的色彩点缀,与浴室常见的白色或浅色墙面形成对比。如图 8-25 所示的浴室中除必要的实用性陈设外,还布置了一个瓷瓶和一盆花卉植物,使浴室空间柔和而浪漫。

图 8-25 浴室

参 考 文 献

1. 家具设计编写组编.家具设计.北京:轻工业出版社,1985

2. 胡景初编著.现代家具设计.北京:中国林业出版社,1992

3. 梁启凡编著.家具造型设计.辽宁:辽宁科学技术出版社,1985

4. 陈申源,陈易,庄荣编著.室内室外局部.细部设计与装修系列全书,陈设,灯具,家具设计与装修.同济大学出版社,香港书画出版社,1992

5. 古斯塔夫·艾克著.中国花梨家具图考.北京:地震出版社,1991

6. THAMES AND HUDSON. DIE NEUEN MÖBEL. KOHIHAMMER GMBH, STUTTGART, 1987

7. KARL MANG. GESCHICHTE DES MODERNEN MÖBELS. GERD HATJE STUTTGART, 1989

8. EDITED BY HERAUSGEGEBEN VON KIAUS-JÜRGEN SEMBACH. NEUE MÖBEL Ein internationaler Querschnitt von 1950 bis heute. VERLAG GERD HATJE STUTTGART, 1982

9. MD-REDAKTION. DESIGN-JAHRBUCH 1995. KONRADIN VERLAG, 1995

10. 陈志华著.外国建筑历史.北京:中国建筑工业出版社,1992

11. 张绮曼,郑曙旸主编.室内设计资料集1.北京:中国建筑工业出版社,1993

12. 张绮曼,潘吾华主编.室内设计资料集2.北京:中国建筑工业出版社,1999

13. 许建春,葛轩编译.室内设计史.室内,1992(2,3,4),1993(1,2)

14. HOTEL DESIGN. ROCKPORT PUBLISHERS INC, 1994

15. INTERNATIONAL INTERIOIS 6./JEREMY MYERSON LONDON:CALMANN & KING LTD.1997

16. PARIS INTERIORS/LISA LOVATT SMITH.—HOHENZOLLERNRING:BENEDIKT TASCHEN VERLAG.1994